高等职业学校“双高计划”新形态一体化教材

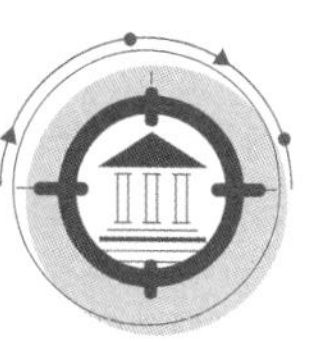

拖拉机底盘构造与维修

主　编　陈贵清　闫　建
副主编　古小平　谢英杰　李小卫
参　编　周玉华　刘开生　王明明
　　　　李西富　董　军
主　审　陈小刚

U0362810

华中科技大学出版社
中国·武汉

内容简介

本书贯彻职业教育的定向性、实用性和先进性的原则，以拖拉机实际操作为主线，采用项目形式编写。全书共8个项目，21个任务，以当前国内丘陵地区常用拖拉机为对象，系统介绍了拖拉机底盘各部分的组成及功用、主要部件的拆装与维修、常见故障诊断与排除方法。每个任务有对应的思考与练习，有可参考的作业工单。有的任务还有常见故障诊断与排除的视频资料。

本书可作为高等职业院校现代农业装备应用技术专业及相关专业的教材，也可作为农机类中职教材、农机行业岗位培训教材及农机技术人员的参考用书。

图书在版编目(CIP)数据

拖拉机底盘构造与维修/陈贵清，闫建主编．—武汉：华中科技大学出版社，2023.5
ISBN 978-7-5680-9268-5

Ⅰ．①拖…　Ⅱ．①陈…　②闫…　Ⅲ．①拖拉机-底盘-构造-高等职业教育-教材　②拖拉机-底盘-车辆修理-高等职业教育-教材　Ⅳ．①S219.032　②S219.07

中国国家版本馆CIP数据核字(2023)第070609号

拖拉机底盘构造与维修　　陈贵清　闫　建　主编
Tuolaji Dipan Gouzao yu Weixiu

策划编辑：王　勇
责任编辑：李梦阳
封面设计：原色设计
责任校对：刘　竣
责任监印：周治超
出版发行：华中科技大学出版社(中国·武汉)　　电话：(027)81321913
　　　　　武汉市东湖新技术开发区华工科技园　　邮编：430223
录　　排：武汉市洪山区佳年华文印部
印　　刷：武汉市籍缘印刷厂
开　　本：787mm×1092mm　1/16
印　　张：13.75
字　　数：332千字
版　　次：2023年5月第1版第1次印刷
定　　价：49.80元

本书若有印装质量问题，请向出版社营销中心调换
全国免费服务热线：400-6679-118　竭诚为您服务
版权所有　侵权必究

前言

民族要复兴，乡村必振兴。农业装备是全面推进乡村振兴、加快实现农业农村现代化的重要支撑和物质基础，是制造强国、科技强国的重点领域。党的二十大报告指出，加快建设农业强国，强化农业科技和装备支撑，确保中国人的饭碗牢牢端在自己手中。随着乡村振兴战略的实施，丘陵地区农业机械化得到了大力发展，特别是丘陵地区地机相宜、机地协同的宜机化改造及高标准农田建设，先进、大中型农业机械在丘陵地区得到广泛应用。大中型拖拉机的使用与维修需要专业技术的支撑，越来越多热爱"三农"的人才加入农机队伍中。为满足高职现代农业装备应用技术专业及行业从业者对拖拉机底盘维护和维修课程教学的需要，在原有教材无法展现现代拖拉机技术技能的特性，已严重制约丘陵农业机械化发展的情况下，编写了《拖拉机底盘构造与维修》一书。

本书在内容上把握现代拖拉机知识结构的通用性和系统性，更加注重实用性，以拖拉机底盘的拆装与维修过程为载体，突出学习和认知的规律性，通过项目引领和任务驱动的教、学、做一体化教学实施，形成知识的由点到面、技术技能的由简单到复杂的深入，使学生初步掌握拖拉机底盘构造的基本知识，培养学生的拖拉机底盘的保养、故障诊断和维修等专业技术技能。

本书以现代农业装备应用技术专业所面向的主要就业岗位职业能力为依据，突出丘陵地区农机特色，以丘陵地区常用东方红、纽荷兰、东风等大中型拖拉机为原型机编写而成。按拖拉机在使用和维修过程中常见故障的维修权重将本书分为拖拉机认知与维护保养，以及离合器、变速器、驱动桥、制动系统、转向系统、行驶系统和工作装置的拆装与维修共 8 个项目，21 个任务，每个任务有对应的思考与练习和作业工单。

本书由陈贵清、闫建担任主编，古小平、谢英杰（重庆市农业机械化技术推广总站）、李小卫（无锡林农软件科技有限公司）担任副主编。陈贵清编写项目 1 至项目 3，闫建编写项目 4，谢英杰、周玉华（重庆市农业科学院农业机械研究所）编写项目 5，古小平编写项目 6，李西富、董军编写项目7,王明明(重庆市农业机械化技术推广总站)、刘开生(重庆市经贸中等专业学校)编写项目8。书中部分视频由无锡林农软件科技有限公司提供,相关作业任务由重庆市农业机械化技术推广总站在生产中对比筛选确定。本书在编写过程中得到了黑龙江农业工程职业学院李海金老师、常州机电职业技术学院王胜山老师的指导和大力支持,他们提供了大量的相关技术资料。全书由陈小刚老师统稿。

感谢在本书编写过程中给予帮助的相关专家和参考资料的各位作者。感谢大家的悉心指导和无私奉献!

由于编者水平有限,书中难免存在不妥与疏漏之处,恳请读者批评指正,在此表示衷心的感谢!

编　者

2023 年 1 月

目录

项目 1

拖拉机认知与维护保养

项目描述

在农业生产中，拖拉机广泛地应用于农业生产、运输中，是从事农业生产不可或缺的重要工具。通常拖拉机作为农业生产必备的可移动的动力机械。通过对拖拉机整机实物观察与保养的实践操作，了解拖拉机总体组成和各总成部件的功能。

项目任务

(1) 拖拉机底盘部件认知。

(2) 拖拉机底盘的技术保养。

项目目标

(1) 了解拖拉机的整体结构、底盘的组成及各功能部件的功用。

(2) 了解拖拉机保养的基本内容。

(3) 掌握拖拉机维修的基本流程及重点。

(4) 能够对拖拉机进行常规技术保养。

(5) 树立安全文明生产意识和环境保护意识。

(6) 培养学生的家国情怀和严谨务实的工匠精神。

任务 1.1　拖拉机底盘部件认知

1.1 《国家记忆》20220401 新中国第一台拖拉机诞生记 “铁牛”出世

任务目标

(1) 认知拖拉机底盘组成部件。
(2) 了解拖拉机底盘各部件功用。
(3) 了解拖拉机的基本修理流程及要求。
(4) 培养学生的家国情怀,树立安全文明生产意识。

任务准备

拖拉机主要由发动机、传动系统、行驶系统、操纵系统、工作装置及电气设备等部分组成。其中,传动系统、行驶系统、操纵系统及工作装置通常称为拖拉机底盘。传动系统包括离合器、变速器及驱动桥部分;操纵系统包括制动系统和转向系统两部分;工作装置一般包括悬挂及动力输出装置。

1. 底盘组成

轮式拖拉机结构示意如图 1.1 所示,履带式拖拉机结构示意如图 1.2 所示。根据拖拉机拆装与维护过程的单项技能的要求,其一般包括以下方面:离合器的拆装与维护、变速器

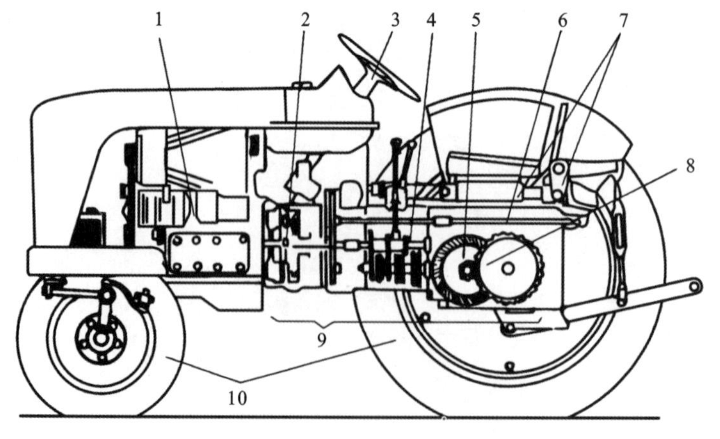

1—发动机;
2—离合器;
3—转向系统;
4—变速器;
5—中央传动;
6—动力输出轴;
7—液力悬挂系统;
8—最终传动;
9—传动系统;
10—行驶系统

图 1.1　轮式拖拉机结构示意图

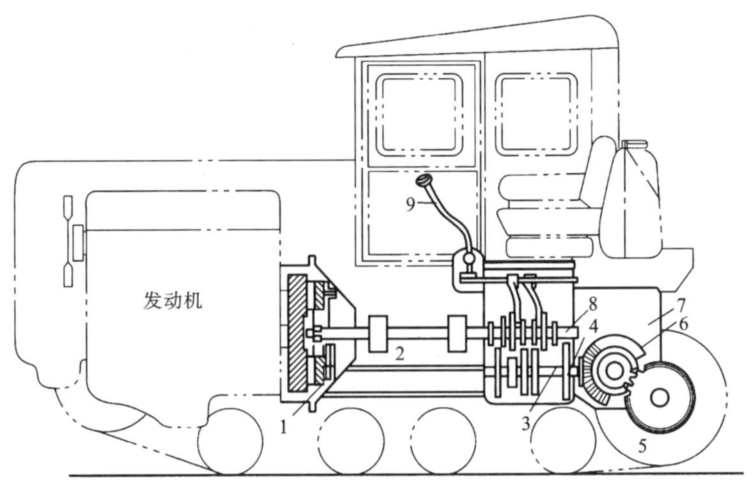

图1.2　履带式拖拉机结构示意图

的拆装与维护、驱动桥的拆装与维护、制动系统的拆装与维护、转向系统的拆装与维护、行驶系统的拆装与维护，以及工作装置的拆装与维护。

2. 各部分性能

发动机的动力经传动系统传递给驱动轮，驱动拖拉机行驶。因此，传动系统的主要任务是传递动力以及根据需要改变拖拉机的行驶速度。

传动系统功用主要有变扭变速、增扭减速、切断动力和平顺接合动力、改变动力的旋转方向、改变动力旋转平面等。可通过传动系统中某些部件将发动机的动力传给动力输出轴或皮带轮以驱动作业农具。

传动系统的主要组成部分有离合器、变速器、中央传动及最终传动4个部分。中央传动、最终传动和位于同一壳体内的差速器，合称为后桥，常称驱动桥。

行驶系统用于保证拖拉机的行驶、支承拖拉机的全部质量和产生拖带农具所需的牵引力。其主要功用是把由发动机传出的扭力传给驱动轮作为驱动轮的驱动扭矩，驱动扭矩变为拖拉机所需的工作牵引力，支承拖拉机的全部质量并保证拖拉机的正常行驶。

轮式拖拉机和履带式拖拉机的行驶系统的构造有所不同。轮式拖拉机通过车轮的转动在地面上行驶；履带式拖拉机通过履带的卷动在地面上行驶。

操纵系统包括转向系统和制动系统两部分。转向系统用于控制和改变拖拉机的行驶方向，并保证拖拉机按规定的路线行驶。

制动系统用来对运动着的驱动轮产生阻力，迫使拖拉机在高速行驶中减速，以使其能很快地减速或停止转动而迅速停车；保证拖拉机停在斜坡上不会滑溜；田间作业时还可用单边制动来协助转向。制动系统包括制动器和制动操纵机构。制动器可分为盘式、蹄式和带式等类型。

拖拉机的工作装置主要包括液压悬挂装置、动力输出装置等。拖拉机发动机的动力通过这些装置传送给农具或其他农业机械及液压执行元件，拖拉机的各种农业生产作业通过它们来完成，拖拉机的综合利用性能得以提高。

3. 拖拉机修理基本流程

在使用一定时间后，拖拉机的动力性、经济性及可靠性会逐渐变差，将出现这样或那样的故障。为排除这些故障，必须对设备进行拆卸以发现问题和更换失效的零部件，更换合格件后并按原设计要求成套装配，因此拆装是设备维护保养的基本要求。拖拉机在拆装过程中必须遵守一些基本原则。

实践证明，全部合格的零件不一定能装配成一台合格的机器产品；拆装方法的不合理将给零部件带来不应有的缺陷，因此必须认真对待设备修理中的拆装工作。拆装在整个设备修理工作中占很大比重，并且直接影响设备的修理质量、成本和修理生产周期。

无论是拆卸还是装配，都必须遵守的原则有：首先要弄清机器的构造原理，认真阅读拆装产品的图纸，了解拆装对象的装配基准以及有关尺寸链中的相关尺寸。拆装前做好拆装工艺守则或工艺规程，制定相关工艺流程。图 1.3 所示为拖拉机修理工艺流程图。

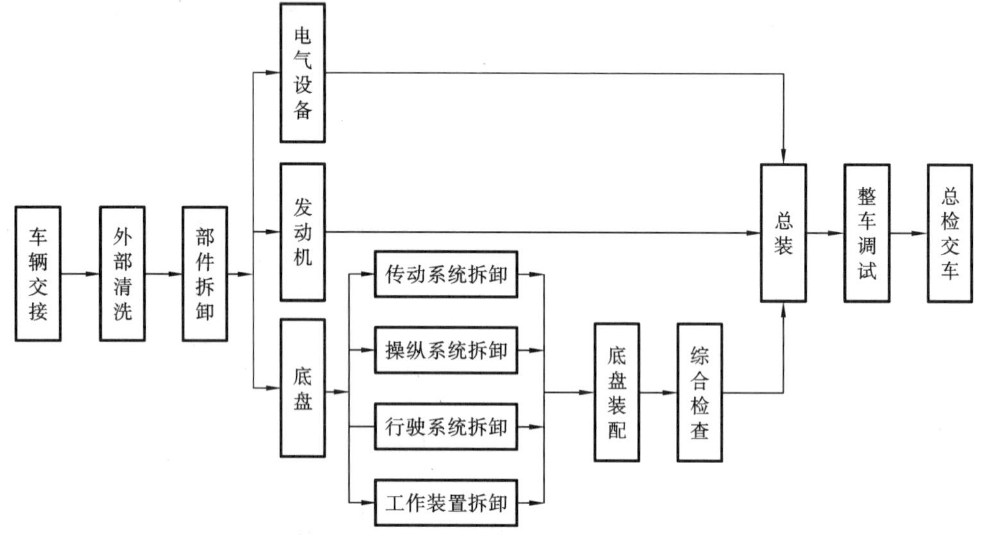

图 1.3　拖拉机修理工艺流程图

在拆装过程中，应遵守正确的拆装顺序。拆卸时，要做好必要的记号和记录，零件应分类存放，合理使用工夹量具等。在拆装过程中，最应注意的是产品和人身的安全工作。

1.2　拖拉机整车爆炸动态图

4. 拖拉机修理前的交接

待修拖拉机的交接是修理工艺过程的第一个环节。拖拉机由使用者交付给修理者，拖拉机的技术状态和完整情况也应当一并交代清楚。拖拉机交接验收，就是为了更确切地掌握其技术状况和完整性，确定需要更换的总成及主要零部件，确定修理工时、费用定额及修竣时间等。

为了便于更及时地发现拖拉机的质量问题，在交接时应尽量做好以下几项：待修拖拉机是否能保持行驶状态，拖拉机技术状态情况如何，表现出来的故障现象及变化特征；待修拖拉机的有关技术资料能随同拖拉机进行交接；除少数通用件外，送修车辆或总成的装备应齐全，不缺少零件或总成。

5. 拖拉机的初步检查

1）外观检查

首先应认真查看拖拉机外部有无碰伤，零部件是否齐全；检查转向、传动、制动机构等有无松动、渗漏及缺损；检查各主要总成的基础件是否有变形、裂纹及渗漏；检查轮胎的磨损及其他损伤情况等。

2）行驶运行检查

检查方向盘自由行程、离合器和行车制动器踏板自由行程、驻车制动器的制动行程；发动拖拉机，听发动机有无异响，观察各仪表工作指示是否正常，底盘各部件有无异响、振动；检查离合器有无打滑、发抖及分离不彻底；检查变速器有无脱挡、跳挡及乱挡情况，检查转向是否灵活轻便，有无方向不稳、跑偏现象，以及制动性能是否良好；停止行驶后，检查各轴承和密封部位有无渗漏、发热现象。

总之，在拖拉机解体前，通过问、看、嗅、摸、听的人工直观诊断方法，尽可能多地将故障情况掌握清楚，同时为不破坏原有设备精度，尽量减少不必要的拆卸。

6. 拖拉机的外部清洗

在拖拉机解体前首先应进行外部清洗。清洗的目的是去除表面泥土、灰尘及油污，便于发现外部损伤和进行拆卸工作，并保持拆卸场所的清洁，改善劳动环境。外部清洗一般采用三种方式：固定式外部清洗机清洗、移动式外部清洗机清洗和自来水冲洗。

7. 拖拉机拆分的程序

拖拉机的拆卸程序取决于拖拉机的结构及修理作业的组织形式。一般拆卸顺序是由表及里，由附件到主机。同时拆卸遵循由整机拆成总成，再由总成拆成部件，最后由部件拆成零件的原则。普通拖拉机解体的一般程序如下：

（1）拆去车厢、外挂等附属及工作装置；

（2）拆下拖拉机电气设备及各部分线路；

（3）拆下转向器总成，拆下驾驶室及附属构件；

（4）拆下发动机机罩、散热器；

（5）拖拉机断腰，拆下离合器总成；

（6）拆下变速器；

（7）拆下动力输出装置；

（8）拆下前后桥总成；

（9）分解各总成。

8. 拆卸注意事项

为更好地完成拆卸工作，在拆卸过程中除要按规定程序进行外，为使拆卸工作事半功倍，顺利完成，应注意下面的事项。

1）认真查看技术资料，弄清拖拉机的构造

拖拉机型号很多，构造上虽有类似之处，但也各有不同的特点。因此，弄清所拆拖拉机的构造、原理，可避免在拆卸过程中将机器拆坏，使拆卸工作能顺利进行。

2）严格按照拆卸顺序进行拆卸

要按照合理的拆装作业指导书或工艺流程所规定的拆卸顺序进行拆卸，对其中容易损坏的零件应首先拆下，这样可保证拆卸工作的顺利进行。

3）能不拆的就不拆，该拆的必须拆

对于已确定没有问题或通过不拆卸检查就可断定零部件是符合技术要求的，就完全不必进行拆卸。减少不必要的拆卸，不仅可减小劳动工作量，还能延长零部件的使用寿命。当然，对于不拆卸难以确定其技术状态，或者初步检查后怀疑有故障甚至认为有故障的部件，就应当进行拆卸以便进一步检查和修理。

4）尽量使用专用拆卸设备和合适的拆卸工具

手工进行拆卸工作时，严禁猛打乱敲，以防损坏零部件而带来更大的损失。例如，在拆卸螺钉、螺母时，要选择尺寸合适的固定扳手或套筒扳手，尽量避免使用活动扳手，不要随意加长扳手的力臂。在拆卸衬套、齿轮、带轮和轴承时，应使用合适的拉拔器或压力顶出机。

5）拆卸要为装配做好准备

拆卸过程中不要随意乱放零件，为了提高以后装配效率和保证装配的正确性，拆卸时应注意核对标识、做好记号。对于不可互换的同类零件，应做出对应的标号。对于配合件的相互位置的标号，有条件的在拆卸前进行标识并照相。

拆卸后的零件要根据材料性质、精密程度分类存放。不能互换的零件应分组存放，避免错乱而影响产品装配质量。

任务实施

实施拖拉机零部件拆解作业

拖拉机出现大的故障需要排除时，一般要对拖拉机进行零部件拆解。因此，需要掌握拖拉机部件拆解技能。通过拆解作业，熟悉拆卸操作技术规程，掌握拆卸方法与步骤；学会查阅维修手册，熟悉拖拉机总体布局，了解拖拉机结构及底盘构成。

1. 拖拉机零部件拆解作业

1）拖拉机零部件拆解的事前准备

（1）前期准备。

① 待修拖拉机及常用拆装工具。

② 按厂家维修手册要求制作或购买的专用拆装工具。

③ 按厂家维修手册要求制作或购买的专用调整工具。

④ 相关说明书、厂家维修手册和零件图册。

⑤ 专用支承台架、零件摆放台、接油盘、记号笔、记录纸等辅助设施。

⑥ 千分尺、百分表等测量工具。

⑦ 吊装设备及吊索。

(2) 安全注意事项。

① 操作人员应按规定正确着装。

② 采用合适吨位的吊装设备、吊钩及吊绳，钢丝吊绳与设备间应有隔离垫块，起吊过程中重物下面严禁有人，起吊物上严禁有人。

③ 吊下的部件不能直接放在地面上，应垫枕木。

④ 箱体部件拆卸孔洞应封口。

⑤ 不得用铁棒直接敲击工件，避免伤害工件精度。一般要用铜、橡胶或塑料锤子。

⑥ 如果用力过大，可能导致部件损坏。

⑦ 采用合适吨位的吊装设备吊装和移动所有重型部件。吊装和移动时，应确保装置或零件有合适的吊索或挂钩支承。

⑧ 在安装齿轮、花键轴等带尖角的零部件时，注意不要被尖角划伤。

⑨ 不得使用汽油或其他易燃液体清洗零部件。

⑩ 密封面或精密配合面不得用起子等硬金属撬开，以免划伤表面。

⑪ 拆装时要格外小心，避免弄丢或损伤小的物件。

⑫ 装配前应彻底清洗所有零件，装配时密封件应涂上润滑油。精密配合件可用手直接推入，不得硬性敲击。

⑬ 装配时不得戴棉线等易落毛渣的手套，不得使用棉纱等抹布擦拭密封或精密配合表面，不得在灰尘密布的环境下装配。

2）拖拉机的零部件拆解

根据拖拉机图册，将拖拉机拆卸成各总成部件。在拆卸前，首先拆除车厢及外挂连接螺栓，将车厢及外挂工作装置放置到安全位置，对拖拉机其余部件进行拆解作业时按下述方法进行。

(1) 拆下拖拉机电气设备及各部分线路。

① 拆开蓄电池负极电缆。

② 放出变速器及后桥壳体中的机油。

③ 排空发动机冷却水。

④ 抬起发动机机罩，拆开大灯接线及其他各部分线路。

(2) 拆下转向器总成，拆下驾驶室及附属构件。

① 拆下油箱上的管夹、拆下各液压油管等并将各液压油管封口。

② 拆下转向器总成。

③ 拆下有驾驶室拖拉机的驾驶室及附属构件。

(3) 拆下发动机机罩、散热器。

拆下支承发动机的气压弹簧，拆下发动机机罩、散热器。

(4) 拆下离合器总成。

① 放置拖拉机拆装台架，并将支架放到变速器下方，将移动支架放在发动机下面并支承。

② 拆卸发动机与变速器的连接，移开移动支架与发动机前桥部分。

③ 拆下离合器总成，松开离合器与发动机飞轮间的紧固螺钉，并用离合器从动盘定位工具将从动盘定位，避免离合器拆下后从动盘脱落。

(5) 拆下变速器。

将变速器壳体与减速器及后桥壳体分离，从而取下变速器(含内组件)。

(6) 拆下动力输出装置。

将动力输出轴从变速器中拆下。

(7) 拆下前桥总成。

从前桥总成上拆下发动机，剩余部分即前桥。

2. 相关任务作业

拖拉机维修接待与接车问诊作业工单见表 1.1。

思考与练习

(1) 请解释拖拉机编号 DF904 的含义。

(2) 拖拉机主要由哪些部分组成？各部分有何功用？

(3) 拖拉机传动系统由哪些部分组成？各部分有何功用？

任务检查与评价

表 1.1　拖拉机维修接待与接车问诊作业工单

型号	编号	上次保养日期	行驶时间/h	保养日期
说明：认真阅读本拖拉机图册，准备好相应的工具、量具、专用工具及其他辅助设备。 车主描述：（拖拉机相关零部件的情况）				

序号	操作内容	操作说明	所需工具
10	外观检查	检查灯光、附件、功能件等	
20	功能检查	检查发动机、底盘、液压系统等功能状况	
		（表格根据需要添加）	
建议事项：			

检查：

(1) 任务准备是否充分；

(2) 任务工单的完成情况；

(3) 对拖拉机的整体认知情况；

(4) 整理设备和现场；

(5) 优化与创新。

评估：

续表

考评项目	自我评估	组长评估	教师评估	权重分
劳动纪律				5
安全、环境意识				5
任务方案				5
实施过程				15
工量具使用				5
完成情况				15
分工与协作				10
创新思路				10
综合评价				30
合计				100

操作者签名：　　　　组长签名：　　　　教师签名：

任务1.2　拖拉机底盘的技术保养

1.3　拖拉机使用前的检查

任务目标

（1）了解拖拉机底盘技术状态良好的标志。
（2）了解拖拉机和各级技术保养内容及规范。
（3）能够对拖拉机进行常规技术保养。
（4）树立安全文明生产意识和环境保护意识。

任务准备

拖拉机在使用一段时间后，拖拉机的各技术指标会发生一定的变化，为保证其正常工作，应对拖拉机进行检查、保养及大修后的试运转，以保证拖拉机在性能规定的范围内有良好的技术状态。

1. 拖拉机技术状态良好的标志

拖拉机技术状态良好的标志如下：
（1）拖拉机的零部件完整，调整正确，润滑良好；
（2）发动机的功率和燃油消耗率都在规定允许的范围内，转速稳定，排气正常；
（3）启动容易、迅速；
（4）全负荷工作时，发动机的冷却液温度、油温、油压正常；
（5）工作时各运动部件未发生不正常的敲击、过热和不正常震动等现象；
（6）电气设备完整，工作正常；
（7）液压系统和各操作机构的作用正常；
（8）不漏水，不漏油，不漏气，不漏电。

2. 拖拉机的使用与保养

为了使拖拉机正常工作和延长使用寿命，必须严格地执行技术保养规程。拖拉机的技术保养规程按照累计负荷工作小时划分如下：
（1）每班技术保养；
（2）累计工作125 h后的一级技术保养；

(3) 累计工作 500 h 后的二级技术保养；

(4) 累计工作 1 000 h 后的三级技术保养。

1.4 拖拉机入库前的保养

1）每班技术保养

(1) 清除拖拉机上的污泥和尘土。

(2) 检查水箱、燃油箱、转向油箱、传动系统，提升器内的液面高度，缺少时应加足。

(3) 检查空气滤清器的滤芯和油是否变脏，如变脏则应清洗干净滤芯，加入新的机油至规定高度。

(4) 检查前后轮胎气压，不足时应按说明书规定值充气。

(5) 检查拖拉机外部紧固螺母和螺栓，如有松动则应及时紧固。

(6) 拧下左右制动器和变速器壳体底部的放油螺塞，检查有无油液流出。若油液过多，则应查清原因并及时排除。

(7) 进行水田作业前，应按说明书润滑表对润滑点加注润滑脂，旱地作业可隔班进行。注意加注润滑脂时要挤出全部泥和水，直到清洁润滑脂溢出为止。

(8) 按照柴油机使用说明书中日常技术保养的要求对柴油机进行保养。

2）一级技术保养(累计工作 125 h)

(1) 完成每班技术保养内容。

(2) 检查变速器-后桥、前驱动桥中央传动、前驱动桥最终传动、液压转向油箱、最终传动及提升器的清洁度和油面高度。油脏时应清洁，不足时添加至规定高度。

(3) 检查并调整前轮前束。

(4) 检查并调整离合器和制动器踏板的自由行程。

(5) 按照柴油机使用说明书中累计工作 125 h 后的技术保养要求对柴油机进行保养。

3）二级技术保养(累计工作 500 h)

(1) 完成一级技术保养的全部内容。

(2) 更换提升器壳体内机油，清洗提升器壳体和吸油滤清器总成及磁铁上的铁屑。

(3) 放出变速器-后桥、前驱动桥、最终传动等壳体内的机油，用清洁的柴油清洗其内腔，将放出的机油经清洁处理后重新加入使用，不足时应添加至规定高度。

(4) 检查前后桥最终传动轴松紧情况，必要时调整。

(5) 检查液压转向系统及液压提升系统安全阀压力，必要时调整。

(6) 检查离合器 3 个分离杠杆头部是否在同一平面上，误差不大于 0.2 mm。必要时调整。

(7) 检查并调整方向盘自由行程。

(8) 检查电气线路各接头紧固情况，并清除油污和锈斑。

(9) 清除各轮毂内的润滑脂。

(10) 按照柴油机使用说明书中累计工作 500 h 后的技术保养要求对柴油机进行保养。

4）三级技术保养(累计工作 1 000 h)

(1) 完成二级技术保养的全部内容。

(2) 更换变速器-后桥、最终传动、转向器、前驱动桥等壳体内的润滑油和润滑脂。

(3) 清除燃油箱内的杂质及冷却系统内的水垢。
(4) 检查并调整前后桥中央传动齿轮副轴承的间隙。
(5) 清除排气管消音器中的积碳。
(6) 根据前轮磨损情况,考虑左右调换使用。
(7) 按照柴油机使用说明书中累计工作 1 000 h 后的技术保养要求对柴油机进行保养。

任务实施

实施拖拉机技术保养作业

根据相关机型使用说明书进行相关的技术保养操作。实施任务时,可针对不同条目的技术保养要求,根据实际教学机型,选用不同形式的操作内容,并人为设置一些故障问题点,使之不符合底盘技术状况良好条件的要求。

根据保养项目,设置相关保养内容,进行技术保养作业。拖拉机维护与保养作业工单见表1.2。

思考与练习

(1) 请查找实训室某型号拖拉机铭牌上的标志符号,并说明要求。
(2) 请编制拖拉机 100 h 保养工艺规程。
(3) 试述拖拉机试运转的原则、作用及影响因素。

项目1　习题

任务检查与评价

表 1.2 拖拉机维护与保养作业工单

型号	编号	上次保养日期	行驶时间/h	保养日期
说明：认真阅读本拖拉机图册，准备好相应的工具、量具、专用工具及其他辅助设备；保养项目根据相关拖拉机保养级别而定。				

序号	操作内容	操作说明	所需工具
10	每班技术保养	清除拖拉机上的尘土和污泥	
		检查水、电、气、油是否合格	
		检查并清洁空气滤清器的滤芯	
		检查拖拉机外部紧固螺母和螺栓，如有松动则应及时紧固	
		按润滑表对润滑点加注润滑脂	
		（表格根据需要添加）	

建议事项：

检查：

(1) 任务准备是否充分；

(2) 任务工单的完成情况；

(3) 对拖拉机保养的认知情况；

(4) 整理设备和现场；

(5) 优化与创新。

评估：

续表

考评项目	自我评估	组长评估	教师评估	权重分
劳动纪律				5
安全、环境意识				5
任务方案				5
实施过程				15
工量具使用				5
完成情况				15
分工与协作				10
创新思路				10
综合评价				30
合计				100

操作者签名：　　　　组长签名：　　　　教师签名：

项目 2 离合器的拆装与维修

项目描述

离合器是拖拉机动力传动系统中的重要部件之一。离合器在使用过程中，随着时间的推移会出现一些故障使拖拉机不能正常工作。要想有效地排除拖拉机的故障，就必须能对拖拉机离合器进行正确的拆装与维护，能对离合器主要的零部件进行检修。因此，本项目的重点是进行离合器的拆装与维护、离合器主要零部件检修及离合器常见故障诊断与排除。

项目任务

(1) 离合器的拆装与维护。

(2) 离合器主要零部件检修。

(3) 离合器故障诊断与排除。

项目目标

(1) 能描述离合器的用途及工作原理。

(2) 能选择适当的工具拆装常见离合器。

(3) 会调整拖拉机离合器自由间隙。

(4) 会诊断和排除离合器故障。

(5) 培养学生遵守操作工艺规范的意识。

(6) 树立安全文明生产意识和环境保护意识。

(7) 培养学生的综合应用能力和团队协作意识。

(8) 培养学生的责任担当和创新精神。

任务2.1　离合器的拆装与维护

任务目标

(1) 了解离合器的基本功用、类型、组成及工作原理。
(2) 了解典型离合器的结构。
(3) 能选用适当工具对离合器进行拆装及维护。
(4) 培养学生遵守操作工艺规范的意识。
(5) 树立安全文明生产意识和环境保护意识。

任务准备

拖拉机传动系统设有离合器。一般情况下，离合器位于发动机与变速器之间，履带式拖拉机的主离合器位于发动机和万向传动装置之间，轮式拖拉机离合器位于发动机和变速器之间，离合器接合时传递动力，分离时切断动力。离合器是传动系统的重要组成部分。

1. 离合器的功用

1）临时切断动力

发动机启动后，变速器的第1轴上的齿轮立即随发动机飞轮一起转动，如果将它立即与静止的从动轮啮合，很容易将从动轮打坏。因此，必须在发动机与变速器之间安装离合器，以便临时切断动力，从而实现变速器的顺利挂挡和换挡。

2）切断或接合与动力输出装置之间的动力

动力输出装置在接合或分离时也需要切断动力，切断动力的任务同样是由离合器来完成的。

3）平顺接合动力

拖拉机的质量很大，由静止突然起步时需要很大的启动力，这不仅容易损坏传动系统零件，还会造成发动机熄火。只有平顺接合动力，才能使传动系统中转矩逐渐增大，以保证拖拉机的平稳启动。

4）保护作用

当拖拉机突然遇到大负荷时，离合器会被迫打滑，从而保证传动系统零件不被损坏。拖拉机正常工作时，离合器始终处于接合状态不会打滑，若发生打滑现象，不仅会使传递动力不足，还会造成从动盘、压盘的急剧磨损甚至烧坏。

2. 离合器的类型

离合器有多种类型，如图 2.1 所示。

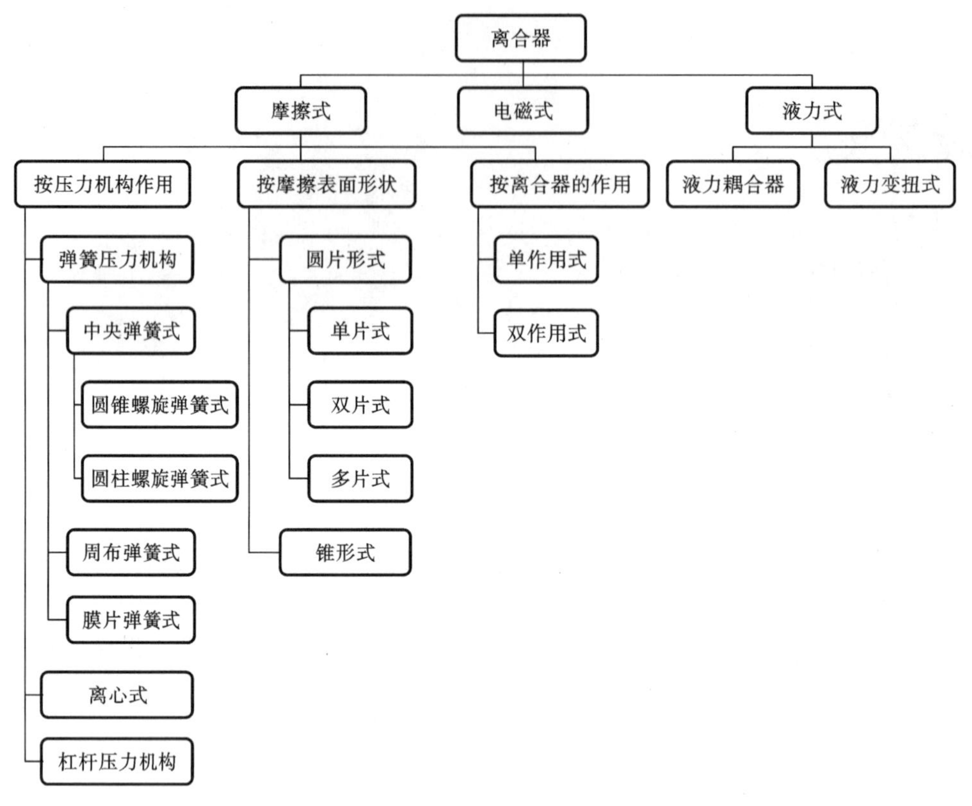

图 2.1 常见离合器分类

离合器根据其传递动力的方式不同，可分为摩擦式离合器、电磁式离合器和液力式离合器。摩擦式离合器利用摩擦面相互靠紧时在接触面间产生的摩擦力来传递扭矩；电磁式离合器靠电磁吸力来传递扭矩；液力式离合器则利用液体作为工作介质来传递扭矩，又称液力耦合器。目前，拖拉机广泛采用盘式摩擦离合器。

2.1 离合器总成爆炸动态图

拖拉机广泛采用的摩擦式离合器，按其结构及工作特点又可分为如下几类。

（1）按摩擦表面工作条件，离合器可分为干式和湿式两种类型。湿式离合器一般采用油泵的压力油来冷却摩擦表面，带走热量和磨屑，以延长离合器寿命。

（2）按压紧装置的结构，离合器可分为弹簧压紧式、杠杆压紧式、液力压紧式及电磁力压紧式类型。虽然目前拖拉机普遍采用弹簧压紧式离合器，但液力压紧式离合器正在越来越多地被采用，它具有操纵轻便和不需要调整等优点。杠杆压紧式离合器又有带补偿弹簧和不带补偿弹簧两种类型。

(3) 按摩擦片数目，离合器可分为单片式、双片式和多片式类型。单片式离合器分离彻底，从动部分转动惯量小；双片式和多片式离合器接合平顺，但分离不易彻底，从动部分转动惯量较大，且不易散热。

(4) 按离合器在传动系统中的作用，离合器可分为单作用式和双作用式两种类型。拖拉机双作用式离合器中的主离合器控制传动系统的动力，副离合器控制动力输出轴的动力。主、副离合器只用一套操纵机构且按顺序操纵的，称为联动双作用离合器；主、副离合器分别用两套操纵机构的，称为双联离合器。

3. 离合器的基本组成

离合器由主动部分、从动部分、压紧部分及操纵机构等组成，如图 2.2 所示。

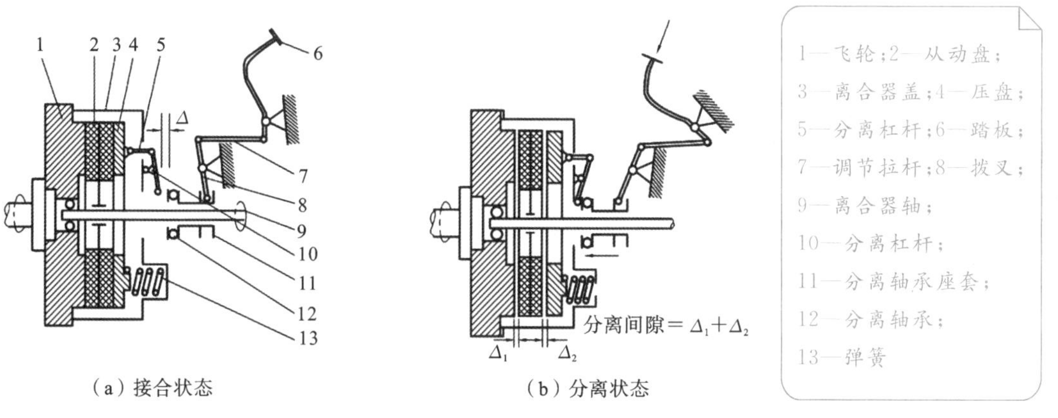

图 2.2　摩擦式离合器基本组成

(1) 主动部分包括飞轮、离合器盖和压盘，它与发动机曲轴一起旋转。离合器盖用螺钉固定在飞轮上，压盘一般通过凸台或传动片与离合器盖连接，由飞轮带动旋转。分离或接合离合器时，压盘做少量的轴向移动。

(2) 从动部分包括从动盘和离合器轴。从动盘安装在飞轮与压盘之间，从动盘通过毂孔内花键与离合器轴连接，可做少量轴向移动。离合器轴连接到变速器的主动轴上。

(3) 压紧机构由装在压盘与离合器盖之间的螺旋弹簧或膜片弹簧组成。若干压紧螺旋弹簧一般在压盘圆周方向上均匀分布。

(4) 操纵机构由分离轴承、分离轴承座套、分离杠杆、分离拉杆、踏板、调节拉杆及拨叉等组成。分离轴承座套活套在离合器轴上，并可轴向移动。分离杠杆以某种方式支承在离合器盖上，通过分离拉杆与压盘连接。若干分离拉杆和分离杠杆沿压盘圆周均布。

4. 离合器的工作原理

如图 2.2 所示，摩擦式离合器的工作原理按以下三个状态或过程来论述。

1）接合状态

离合器处于接合状态时，踏板处于最高位置，分离套筒在回位弹簧作用下与分离叉内端接触，此时分离杠杆内端与分离轴承之间存在间隙，压盘在螺旋弹簧作用下压紧从动盘，发动机的转矩即经飞轮及压盘通过两个摩擦面的摩擦作用传给从动盘，再由从动轴输入变速器。

它所传递的最大转矩取决于摩擦面间的最大静摩擦力矩。它与摩擦面间的压紧力、摩擦面尺寸、摩擦面数及摩擦片的材料性质有关。对于一定结构的离合器而言，其最大静摩擦力矩是一个定值，若传动系统传递的转矩超过该值，离合器将打滑，从而限制了传动系统所承受的转矩，起到过载保护作用。

2）分离过程

需要离合器分离时，只要踏下离合器踏板，待消除间隙后，分离杠杆外端即可拉动压盘克服螺旋弹簧的压力向后移动，从而解除作用于从动盘的压紧力，摩擦作用消失，离合器主、从动部分分离，中断动力传递。

3）接合过程

当需要恢复动力传递时，缓慢抬起离合器踏板，在螺旋弹簧压力作用下，压盘向前移动并逐渐压紧从动盘，使接触面之间的压力逐渐增加，相应的摩擦力矩也逐渐增加。当飞轮、压盘和从动盘接合还不够紧密，产生的摩擦力还比较小时，主、从动部分可以不同步旋转，即离合器处于打滑状态。随着飞轮、压盘和从动盘之间压紧程度的逐步加大，离合器主、从动部分转速渐趋相等，直到离合器完全接合而停止打滑时，接合过程结束，摩擦式离合器进入接合状态。

5. 离合器自由间隙及踏板自由行程

由离合器的工作原理可知，从动盘摩擦片经使用磨损变薄后，在压紧弹簧作用下，压盘要向飞轮方向移动，分离杠杆内端则要相应地向后移动，才能保证离合器完全接合。如果未磨损前分离杠杆内端和分离轴承之间没有预留一定间隙，则在摩擦片磨损后，分离杠杆内端因抵住分离轴承而不能后移，使分离杠杆外端牵制压盘不能前移，从而不能将从动盘压紧，则离合器难以完全接合，传动时会出现打滑现象。这不仅会使离合器所能传递的最大转矩减小，还会使摩擦片和分离轴承加速磨损。

因此，当离合器处于正常接合状态时，在分离杠杆内端与分离轴承之间必须预留一定间隙，即离合器的自由间隙。为消除这一间隙所需的离合器踏板行程，称为离合器踏板自由行程。通过拧动拉杆调节叉，改变拉杆的工作长度，可调整自由间隙的大小，从而调整踏板自由行程。

6. 典型离合器

1）单片周布弹簧离合器

采用若干螺旋弹簧作为压紧弹簧，并将这些弹簧沿压盘圆周分布的离合器，称为周布弹簧离合器，我国生产的东方红-75、东方红-802、东方红-1002 及东方红-902 等多种型号的履带式拖拉机均采用这种类型的离合器。东方红-75 型拖拉机离合器的具体结构如图 2.3 和图 2.4 所示。

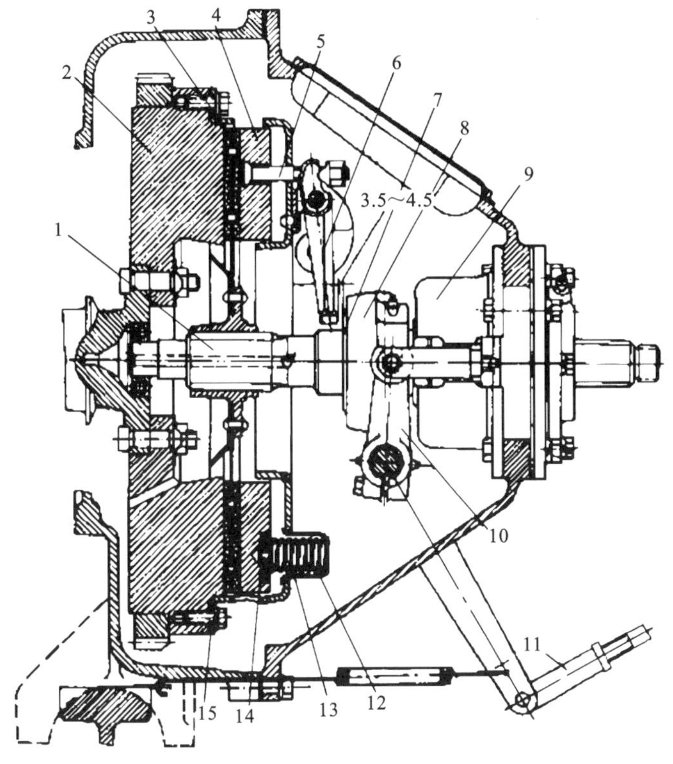

1—离合器轴；
2—飞轮；
3—从动盘；
4—压盘；
5—分离拉杆；
6—分离杠杆；
7—分离轴承；
8—分离套筒；
9—支架；
10—分离拨叉；
11—拉杆；
12—压紧弹簧；
13—弹簧座；
14—隔热垫片；
15—离合器盖

图 2.3　东方红-75 型拖拉机离合器结构示意图

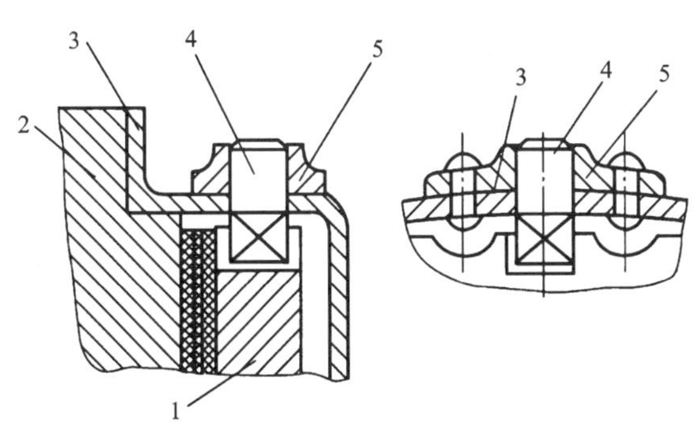

1—压盘；
2—飞轮；
3—离合器盖；
4—驱动销；
5—销座

图 2.4　离合器压盘的驱动

（1）主动部分。

如图 2.3 所示，发动机的动力经过飞轮 2 与压盘 4 的摩擦面传给从动盘 3。飞轮上有甩油孔，以便在离心力的作用下将漏入离合器中的油甩到离合器室内，从放油孔放出。压盘用灰铸铁制成，有足够的刚度，可防止变形；同时，为了有效地吸收滑磨过程中产生的热量，压盘有足够的厚度和体积。压盘与飞轮一起旋转，并在离合器分离或接合过程中做轴向移动。如图 2.4 所示，在压盘圆周上均布着三个方形切口，在离合器盖 3 的外圆表面上铆有三个销座 5，座孔内压装着方头驱动销 4。三个方头驱动销分别插入压盘的三个切口内。离合器盖用螺钉固定在飞轮 2 上，因此，压盘 1 通过驱动销与飞轮构成一个整体旋转，同时又可轴向移动。

(2) 从动部分。

从动盘的结构如图 2.5 所示。它由摩擦衬片、甩油盘、轮毂、铆钉及从动片等组成。从动片用薄钢板冲裁而成。为了防止和减小钢片受热后产生翘曲变形，钢片上均布有 6 条径向切口，这也是消除内应力和分散翘曲变形的一种措施。

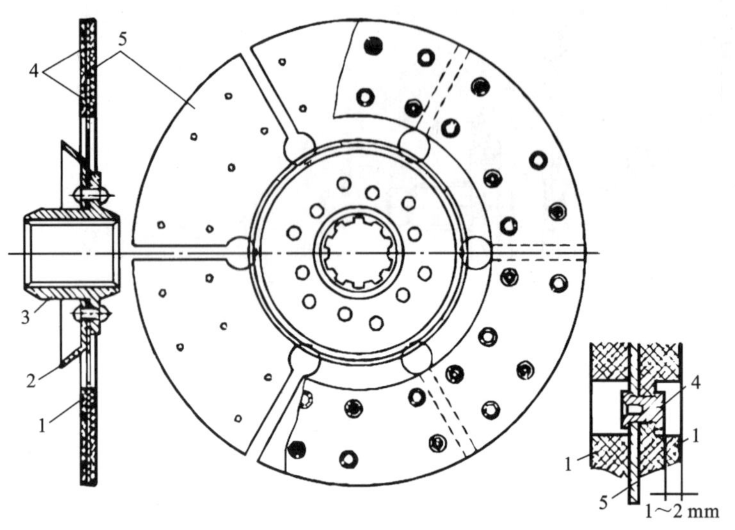

1—摩擦衬片；
2—甩油盘；
3—轮毂；
4—铆钉；
5—从动片

图 2.5　从动盘的结构

钢片、甩油盘用铆钉铆接在轮毂上。为了提高摩擦力，钢片上铆有摩擦衬片。铆钉用铝或铜制成，铆钉头应埋入摩擦衬面的台阶孔内 1～2 mm。在使用中摩擦衬片磨薄，当铆钉头快要显露时，应及时更换摩擦衬片，以免铆钉头刮伤飞轮和压盘的摩擦表面。

离合器轴前端用滚珠轴承支承在飞轮的中心孔中，后端支承在离合器壳的轴承座中。离合器轴上有通往前端轴承的注油孔道，使用中应按规定的周期和数量加注黄油。后端轴承和分离轴承也用黄油润滑，都在保养方便的部位装有黄油嘴。后轴承盖内装有自紧油封和毛毡圈，防止润滑油外漏和尘土泥沙等侵入。

(3) 压紧装置。

压紧弹簧共有 15 个(见图 2.3)，均布在压盘的两个不同直径的圆周上。弹簧的一端坐落在弹簧座内，另一端通过隔热垫片压在压盘上。隔热垫片可保护弹簧不致因受热退火而使弹力降低。弹簧座底部和离合器盖上都开有通风窗口，以加强通风散热；同时保证摩擦副间滑磨时，因高温产生的油烟和灰末等能及时排出，以改善离合器的工作条件。

(4) 操纵机构。

操纵机构由踏板、分离轴承、分离杠杆及分离拉杆等组成。图 2.6 和图 2.7 所示分别为东方红-75 型拖拉机离合器分离机构和操纵机构简图。离合器盖上装有沿圆周均布的三个分离杠杆，在离合器分离和接合的过程中，分离杠杆绕销轴摆动，其杠杆的两端做圆弧运动，所以分离拉杆在做轴向移动的同时，也伴随一定范围的摆动。为避免运动发生干涉，将分离拉杆的头部做成球面。分离拉杆与压盘穿孔间留有充分的摆动间隙。分离拉杆与分离杠杆的连接处设有圆柱面垫圈，以保证运动的自由度。

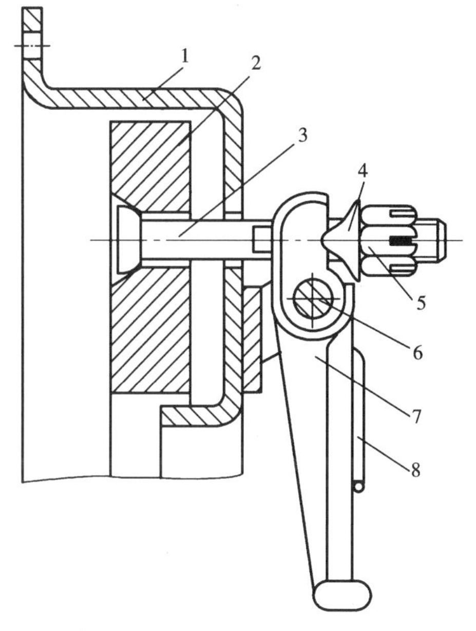

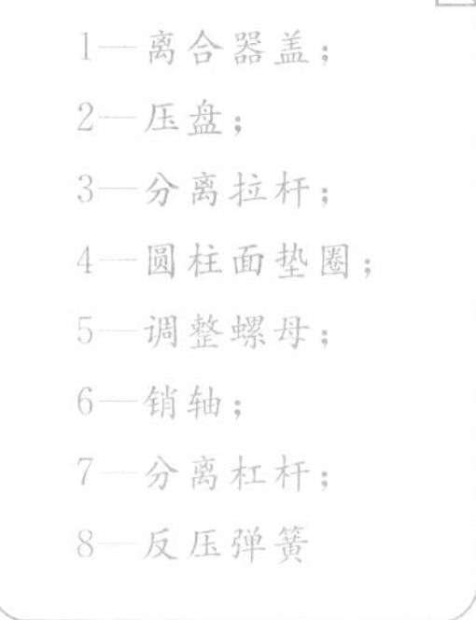

图 2.6　东方红-75 型拖拉机离合器分离机构简图

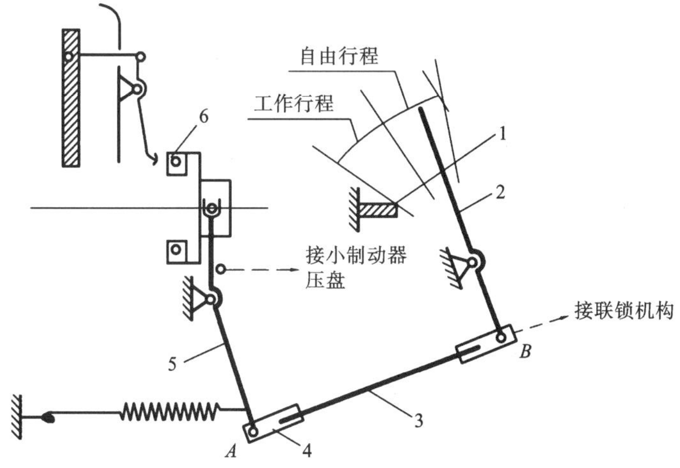

1—限位块；
2—离合器踏板；
3,4—拉杆组；
5—分离拨叉；
6—分离轴承

图 2.7　东方红-75 型拖拉机离合器操纵机构简图

显然，若改变图 2.6 中调整螺母的轴向位置，就可以调整自由间隙，从而改变踏板的自由行程。调整时应保证三个分离杠杆头部与分离轴承端面之间的间隙一致，以免分离时压盘倾斜，使分离间隙分布不均，造成离合器分离不彻底。

反压弹簧的功用是防止离合器在旋转时各分离杠杆自由窜动和造成杂音。

如图 2.3 所示，在分离套筒内装有分离轴承。离合器分离时，分离轴承内圈和分离杠杆头部一起转动，这就避免了接触部位的相对滑磨。当离合器踏板运动到限位装置时，便不能继续下踩，此时离合器应彻底分离，即达到规定的分离间隙。分离是否彻底，一般在外部不易观察，可通过挂挡时齿轮有无冲击来间接判断。在使用过程中，随着摩擦衬垫的磨损变薄，自由间隙减小，可调整图 2.7 中拉杆的长度。东方红-75 型拖拉机离合器出厂时规定自由间隙为 3.5～4.5 mm，相应的踏板自由行程为 30～40 mm。

2）膜片弹簧离合器

膜片弹簧离合器按照分离杠杆内端是受推力还是受拉力，可分为推式膜片弹簧离合器和拉式膜片弹簧离合器。

（1）推式膜片弹簧离合器。

某型农用货车采用推式单片膜片弹簧离合器。其结构示意如图 2.8 所示。离合器的压紧弹簧是一个用优质薄弹簧钢板制成的带锥度的膜片弹簧，靠中心部分开有 16 条径向切槽，槽的末端接近外缘处呈圆孔，形成 16 根弹性杠杆。

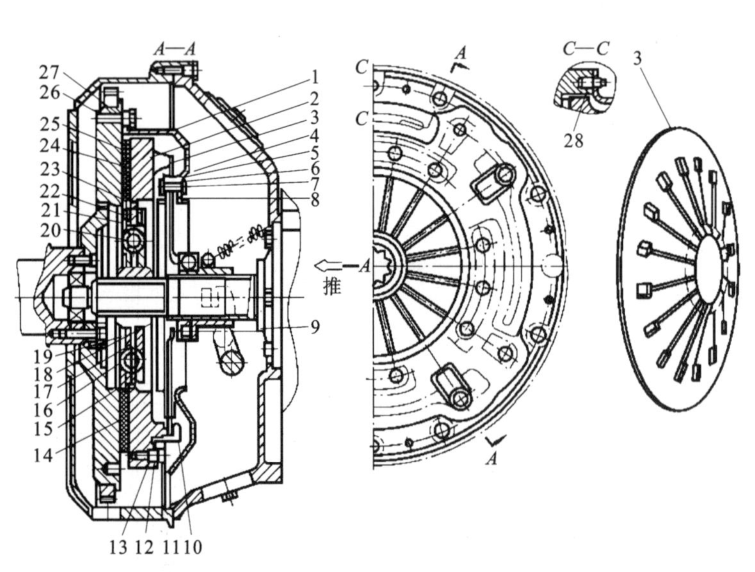

图 2.8　单片膜片弹簧离合器结构示意图

1—离合器盖；2—压盘；
3—膜片弹簧；
4，5—前后支承环；
6—隔套；7—铆钉；
8—支承圈；9—分离轴承；
10—分离钩；
11—内六角螺栓；
12—传动片；13—支承座；
14—摩擦片；15—从动盘毂；
16—止动销；17—碟形垫圈；
18—摩擦板；19—摩擦垫圈；
20—减振弹簧；
21—从动盘钢片；
22—铆钉；23—减振器盘；
24—摩擦片；
25—摩擦片铆钉；
26—离合器固定螺钉；
27—飞轮；28—定位销

膜片弹簧两侧有前后支承环 4 和 5，借助铆钉、隔套及支承圈固定在离合器盖上，成为膜片弹簧的支点。膜片弹簧外缘抵靠在压盘的环形凸起上，分离钩和传动片共 4 组，每组三片，用内六角螺栓固定在压盘上。

膜片弹簧离合器工作原理示意如图 2.9 所示。

当离合器盖未固定到飞轮上时（见图 2.9(a)），在飞轮后端面与离合器盖装配面之间有一段距离，膜片弹簧不受力，处于自由状态。

当用螺钉将离合器盖紧固在飞轮上时（见图 2.9(b)），由于离合器盖前移消除距离，后支承环压靠膜片弹簧使之发生弹性形变，同时膜片弹簧外端对压盘产生压紧力，离合器处于接合状态。

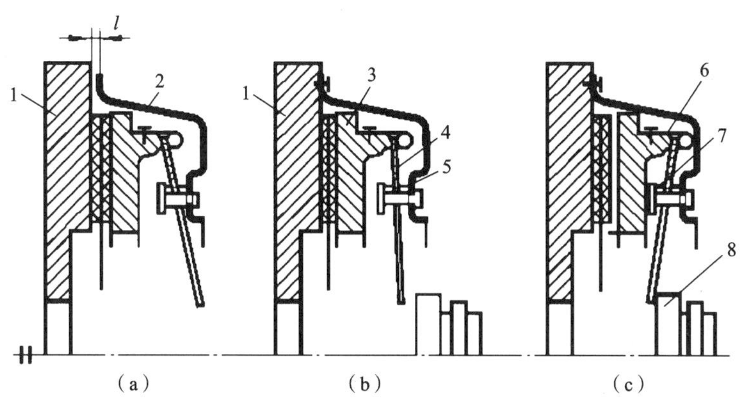

1—飞轮；
2—离合器盖；
3—压盘；
4—膜片弹簧；
5—后支承板；
6—分离钩；
7—前支承环；
8—分离轴承

图 2.9　膜片弹簧离合器工作原理示意图

当分离离合器时(见图 2.9(c))，离合器踏板力通过传动杆件使分离轴承前移，推动离合器膜片弹簧小端前移，膜片弹簧被压在前支承环上，并以前支承环为支点顺时针转动，于是膜片弹簧外端后移，并通过分离钩拉动压盘后移，使离合器分离。可知，膜片弹簧兼起着压紧弹簧和分离杠杆的作用。

(2) 拉式膜片弹簧离合器。

拉式膜片弹簧离合器的结构形式与推式膜片弹簧离合器的结构形式大体相同，只是将膜片弹簧反装，使其支承点和力的作用点位置有所改变。支承点由原来的中间支承环处移至膜片弹簧大端外径的边缘处，支承在离合器盖上。其支承结构形式如图 2.10 所示。

图 2.10(a)所示为无支承环，将膜片弹簧的大端直接支承在离合器盖冲出的环形凸台上；图 2.10(b)所示为有支承环，将膜片弹簧的大端支承在离合器凹槽中的支承环上，力的作用点为膜片弹簧碟簧部分的内径端，其压紧在离合器压盘上，这样可获得较大的压紧力，其操纵方式由推式操纵变为拉式操纵。离合器在分离时，将分离轴承向后拉，使膜片弹簧带动压盘离开飞轮，因此，拉式膜片弹簧离合器的膜片弹簧分离端需要嵌装适合拉式用的分离轴承。

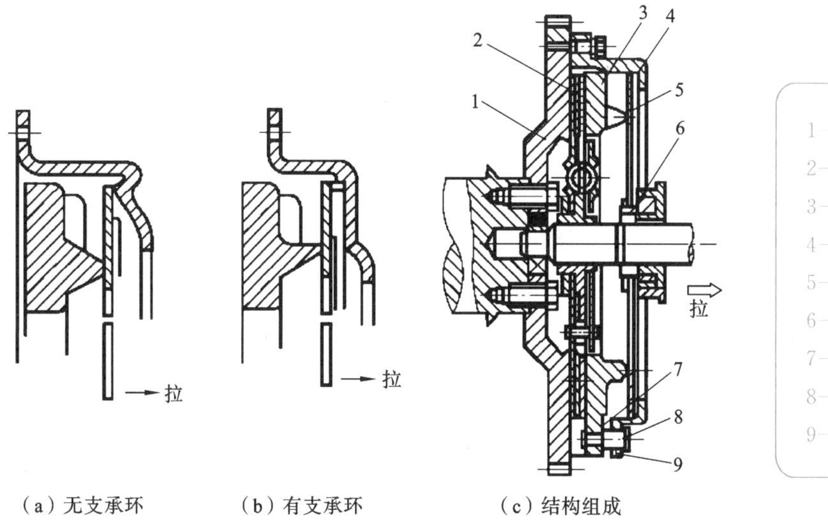

(a) 无支承环　　(b) 有支承环　　(c) 结构组成

1—飞轮；
2—从动盘；
3—压盘；
4—支承环；
5—膜片弹簧；
6—分离套筒及轴承；
7—传动片；
8—驱动销；
9—离合器盖

图 2.10　拉式膜片弹簧离合器支承结构形式

如图 2.10(c)所示，膜片弹簧反向安装，即接合状态下锥顶向前，外缘抵靠在支承环上，中部与压盘的环形凸起部分接触，并对压盘产生压紧力，离合器处于接合状态。分离离合器时，只需通过分离套筒及轴承将膜片弹簧中央部分往右拉。由于支承环移到膜片弹簧的外端，使其支承结构大为简化，膜片弹簧结构强度也得到提高。离合器盖的中央窗孔也可制作得大些，进一步改善了离合器的通风散热条件。

与推式膜片弹簧离合器相比，拉式膜片弹簧离合器的机构更为简单，便于提高压紧力和转矩；增大了离合器盖的刚度，提高了分离效率，有利于分离负荷的降低，改善了离合器操纵的轻便性。另外，拉式膜片弹簧离合器的支承环磨损后，膜片弹簧仍能保持与支承环接触而不会产生间隙。但其缺点是膜片弹簧的分离指与分离轴承套总成嵌装在一起，结构较复杂，安装与拆卸较困难，分离行程也比推式要求略大些。

(3) 膜片弹簧离合器的特点。

① 膜片弹簧与压盘的整个圆周方向接触，压紧力分布均匀、摩擦片接触良好、磨损均匀、压盘不易变形、接合柔和、分离彻底。

② 膜片弹簧兼有压紧弹簧和分离杠杆的双重作用，与周布弹簧离合器相比，膜片弹簧离合器结构简单紧凑、轴向尺寸小、零件少、重量轻、容易平衡。

③ 在离合器分离和接合过程中，膜片弹簧与分离钩及支承环之间为接触传力，不存在分离杠杆的运动干涉。

④ 膜片弹簧由制造保证其内端处于同一平面，不存在分离杠杆工作高度的调整。

⑤ 膜片弹簧中心位于旋转轴线上，压紧力几乎不受离心力的影响，具有高速时压紧力稳定的特点。

⑥ 膜片弹簧具有非线性的弹性特征，能随摩擦片的磨损自动调节压紧力，传动可靠，不易打滑，且离合器分离时操纵轻便。

3）双作用离合器

随着拖拉机配套农具的增加和动力输出轴应用范围的扩大，目前拖拉机上广泛采用双作用离合器。将两个离合器装在一起，用同一套操纵机构，称为联动操作双离合器；用两套操纵机构分别控制两个离合器的为独立操作双离合器。其中一个离合器将发动机动力传给变速器和后桥，使拖拉机行驶，一般称为主离合器；另一个离合器将发动机的动力传给动力输出轴，向农具提供动力，称为动力输出离合器或副离合器。

东风-50 型拖拉机离合器为双作用弹簧压紧式摩擦离合器。其结构示意如图 2.11 所示。

离合器的隔板将主离合器与副离合器分开。副离合器在前，主离合器在后。副离合器用碟形弹簧压紧。主离合器用双螺旋弹簧压紧。前、后压盘上有凸台，分别由隔板和离合器盖驱动。分离杠杆的外端与后压盘驱动销上的孔铰接，并绕调整螺钉的可变支点摆动，进行运动补偿。联动销将前、后压盘活动地连在一起，并在后压盘与调整螺母之间留有分离间隙 2 mm。

2.2 联动操纵离合器结构与工作原理

当分离杠杆拉动后压盘向后移动时，首先使主离合器分离。主离合器彻底分离后，若继续踩下踏板，消除后压盘与调整螺母之间的间隙后，后压盘即通过联动销拉动前压盘，使副离合器分离。

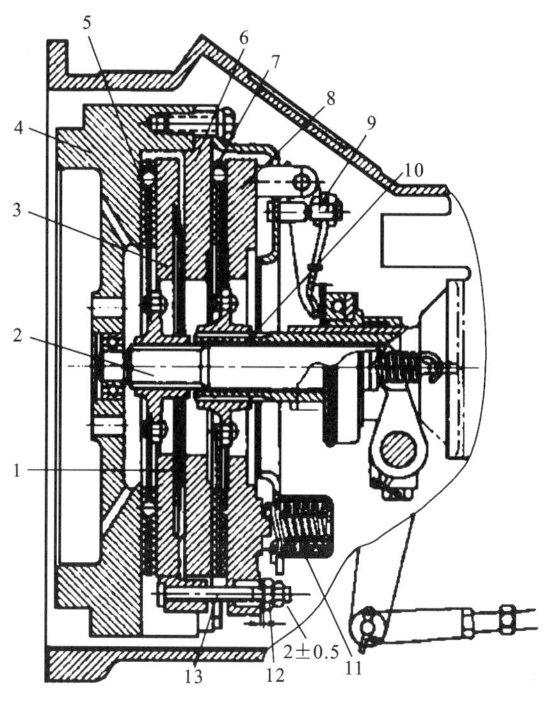

1—膜片弹簧；
2—副离合器轴；
3—前压盘；
4—飞轮；
5—副离合器从动盘；
6—隔板；
7—主离合器从动盘；
8—后压盘；
9—调整螺钉；
10—主离合器轴；
11—主离合器弹簧；
12—限位螺母；
13—联动销

图2.11　东风-50型拖拉机双作用离合器结构示意图

这种双作用离合器的主、副离合器不是同时分离或接合的，而是有一个先后次序。在分离过程中，首先分离主离合器，使拖拉机停车，然后分离副离合器使动力输出轴及农具工作部件停止转动。接合过程则相反，先接合副离合器，后接合主离合器，即农具工作部件先运转，拖拉机后起步。

这种先、后依次分离和接合的特点，在生产使用中是十分必要的。例如，拖拉机配合旋耕机作业，要求旋耕机刀片先运转，然后拖拉机起步前进，以免起步时机组惯性矩过大，起步困难。但这种双作用离合器还不能满足拖拉机行驶中使农具停止运转的要求。

任务实施

实施离合器的拆装与调整作业

1. 车上拆下离合器总成

在拖拉机离合器出现故障时，有的故障不必拆下离合器总成而可通过调整操纵机构进行排除，但是，有的故障必须拆下离合器来维修及更换新的离合器部件而排除。

进行车上拆下离合器总成作业前，要做好前期技术资料熟悉、工量具及安全操作准备工作。然后进行相关作业。

不同的车型有不同的离合器,不同的离合器有不同的拆装程序。拖拉机离合器从车上拆下时,一般情况下尽量按维修说明书要求进行。在拆卸时,为了确保装配时不会出现错装、漏装等现象,拆卸时进行合理的标识或拍照是非常有助于装配的。

车上拆下离合器总成作业工单见表2.1。

2. 离合器总成的拆装

从车上拆下离合器是为了有效地对离合器进行检修。对离合器进行检修时,必须对离合器总成进行分解,才能知晓离合器中什么零件出现了质量问题,是否需要修理或更换,而离合器总成的拆卸是有一定规范的。

进行离合器总成的拆装作业前,要做好前期技术资料熟悉、工量具及安全操作准备工作。然后进行相关作业。

离合器的装配程序应根据其结构特点而定,离合器总成装配注意事项如下。

(1) 装配时,各活动部位如分离叉支承衬套、分离轴承座内腔、连接销等应涂以润滑脂,摩擦片及压盘表面不得沾上油污。

(2) 装配时要使用专用压具。压紧弹簧应按弹力和自由长度对称均布,弹簧与压盘之间的绝热垫不得漏装。离合器盖与压盘之间、盖与飞轮之间,均应按原来记号安装,盖与飞轮连接螺栓拧紧力矩应符合要求。

(3) 离合器装配时应注意从动盘的安装方向,长短毂不允许装反。进行单片离合器从动盘装配时,应注意从动盘短毂的朝向;而对于带扭转减振器的从动盘,应注意减振器方向,否则,就会使从动盘与飞轮结合不好,引起离合器打滑。双片离合器两从动盘短毂的一面相对装入。

(4) 选用变速器第1轴作为定位轴,插入从动盘毂与飞轮中心孔内,待离合器装好后,再抽出定位轴。安装时,单片离合器要用导杆导向,双片离合器要用带花键的导杆或专用工具将离合器总成与飞轮固定。

(5) 各分离杠杆高度一致,分离杠杆内端应位于同一平面内。

(6) 进行双片离合器的中压盘分离弹簧安装时,注意安装位置和方向。根据车型的不同,有的弹簧装在中压盘上,有的则安装在飞轮上。

(7) 对离合器主要旋转件如飞轮、压盘、从动盘等,首先要单独进行静平衡,并在与曲轴装配一体后还要对组合件进行动平衡。离合器装合后应进行静平衡试验,不平衡度应不大于规定值。平衡后应在离合器盖或飞轮上做记号。因此,有的从动盘上加有平衡片,有的压盘、飞轮在其端面或圆柱表面上钻有不同深度的孔,或在离合器盖的螺栓上加装平衡片。为了避免在拆装时破坏其平衡,离合器中平衡片的位置、压盘与离合器盖间及离合器盖与飞轮之间的相对位置都不能随意改动,拆装时应注意装配位置标记。

离合器总成的拆装作业工单见表2.2。

思考与练习

(1) 离合器有哪些功用?

(2) 简述单作用周布弹簧离合器的工作原理。

(3) 什么是离合器自由间隙? 自由间隙过大或过小对离合器的正常工作有何影响?

(4) 什么是离合器踏板自由行程? 有什么作用?

(5) 单作用螺旋弹簧离合器压盘总成需要进行哪些调整?

任务检查与评价

表 2.1　车上拆下离合器总成作业工单

型号	编号	上次保养日期	行驶时间/h	保养日期
说明：根据拖拉机图册，要想将离合器总成从拖拉机上拆卸下来，就必须先将带前桥的发动机与变速器分开，在拆卸的过程中要对其他部分进行有效的保护。				

序号	操作内容	操作说明	所需工具
10	拖拉机的固定	对拖拉机相关部位进行固定	
20	拆下拖拉机相关辅件	根据不同拖拉机拆下影响拆解的前后段相关零件，清理并记录好	扳手等
30	松动连接螺栓	分三次松开发动机与变速器间的螺栓，每次松开后要对前后段进行加固	扳手等
40	拆下离合器	① 松开离合器与发动机飞轮之间的紧固螺栓。 ② 利用离合器从动盘定位工具将从动盘定位，避免离合器拆下后，从动盘滑脱	专用工具、扳手等
		（表格根据需要添加）	
建议事项：			

检查：

(1) 任务准备是否充分；

(2) 任务工单的完成情况；

(3) 对离合器的整体认知情况；

(4) 整理设备和现场；

(5) 优化与创新。

评估：

续表

考评项目	自我评估	组长评估	教师评估	权重分
劳动纪律				5
安全、环境意识				5
任务方案				5
实施过程				15
工量具使用				5
完成情况				15
分工与协作				10
创新思路				10
综合评价				30
合计				100

操作者签名：　　　　　　组长签名：　　　　　　教师签名：

表 2.2　离合器总成的拆装作业工单

型号	编号	上次保养日期	行驶时间/h	保养日期

说明：离合器总成的拆装分为拆解和装配，离合器的装配是在各零件全部检查及修复完后的一道重要工序，它直接影响着离合器的正常工作。

序号	操作内容	操作说明	所需工具
10	分离压盘与飞轮	按对角线原则分多次旋下螺栓	扳手
20	分离离合器盖	用专用工具将压盘和离合器盖相互压紧，卸掉弹簧弹力	专用工具、扳手等
30	分离主、副离合器	① 拆下主锁紧螺母和主调整螺母。 ② 拆下副锁紧螺母和副调整螺母。 ③ 将压盘总成整体分解，对组成零件进行分类并放入零件盒	专用工具、扳手等
40	拆下分离杠杆	拆下分离杠杆销轴，从离合器盖上取下分离杠杆	专用工具、扳手等
		（表格根据需要添加）	

建议事项：

检查：

(1) 任务准备是否充分；

(2) 任务工单的完成情况；

(3) 对离合器的整体认知情况；

(4) 整理设备和现场；

(5) 优化与创新。

评估：

续表

考评项目	自我评估	组长评估	教师评估	权重分
劳动纪律				5
安全、环境意识				5
任务方案				5
实施过程				15
工量具使用				5
完成情况				15
分工与协作				10
创新思路				10
综合评价				30
合计				100

操作者签名：　　　　组长签名：　　　　教师签名：

任务 2.2　离合器主要零部件检修

任务目标

(1) 认识离合器主要零件并了解其在离合器中的作用。
(2) 能借助检测工具识别离合器主要零件的质量状况。
(3) 能更换不合格的零件并使离合器零件达到使用要求。
(4) 树立安全文明生产意识和环境保护意识。
(5) 培养学生的质量意识和诚信意识。

任务准备

离合器上的零件很多,主要的零部件有:离合器从动盘、压盘和压紧弹簧等。

1. 离合器从动盘

离合器的从动盘是离合器重要部件,一般分为带扭转减振器的柔性从动盘和不带扭转减振器的刚性从动盘两种。刚性从动盘是整体圆形盘,直接固定在花键毂上。图 2.12(a)所示为典型不带扭转减振器离合器的结构图。为了提高接合的柔和性,能够平稳起步,通常单盘离合器从动盘具有轴向弹性结构,能使主、从动部分之间的压力逐渐增大,有效地提高接合的柔和性。带扭转减振器的从动盘如图 2.12(b)所示。

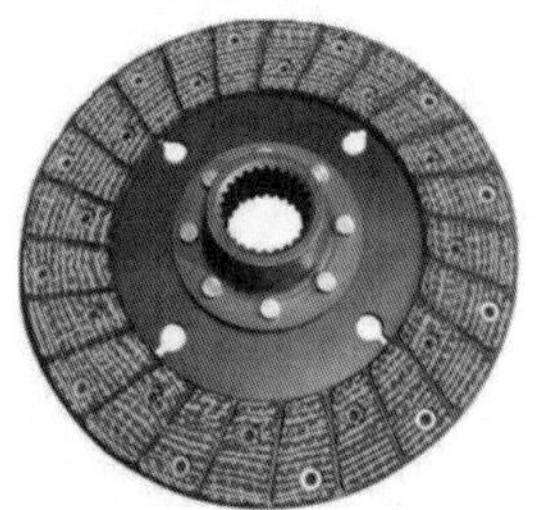
(a) 不带扭转减振器

(b) 带扭转减振器

图 2.12　离合器从动盘

具有轴向弹性结构的从动盘有整体式、分开式和组合式 3 种类型。

1) 整体式弹性从动盘

整体式弹性从动盘的特点是从动盘本体是完整的钢片,本体外缘处开有 T 形槽,两 T 形槽间的钢片做成波状扇形,摩擦片直接铆接在从动盘本体上开有 T 形槽的外缘处。接合时，依靠波状扇形的弯曲来获得柔和性，如图 2.13 所示。

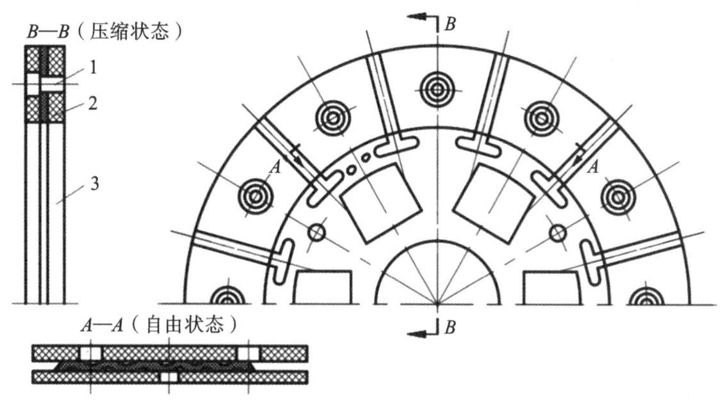

1—摩擦片铆钉；
2—摩擦片；
3—从动盘本体

图 2.13　整体式弹性从动盘

2）分开式弹性从动盘

分开式弹性从动盘的特点是波形弹簧片铆接在从动盘本体上，摩擦片铆接在波形弹簧片上，如图 2.14 所示。

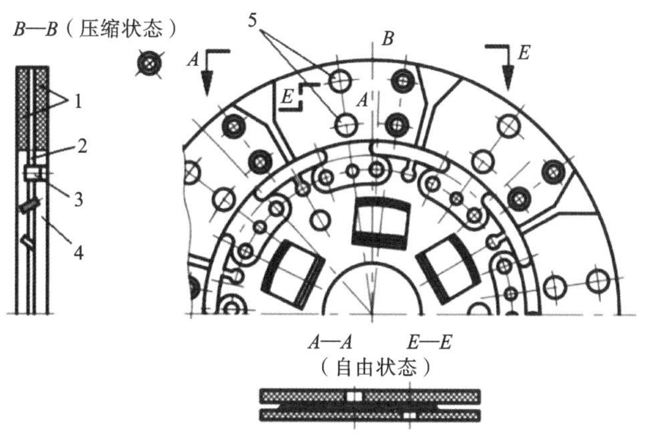

1—摩擦片；
2—波形弹簧片；
3—波形弹簧片铆钉；
4—从动盘本体；
5—从动盘铆钉

图 2.14　分开式弹性从动盘

3）组合式弹性从动盘

组合式弹性从动盘的特点是波形弹簧片只铆接在靠近压盘的一面，靠近飞轮的另一面没有，如图 2.15 所示。

对于柔性从动盘，在盘片和花键毂之间装有扭转减振器。其结构示意如图 2.16 所示。从动盘本体与从动盘毂之间通过扭转减振器来传递转矩。

在这种结构中，在从动盘本体、从动盘毂和减振器盘上都开有几个相对应的矩形窗孔，每个窗孔中装有一个减振器弹簧，用来实现从动盘本体和从动盘毂之间的圆周方向上的弹性连接。减振器盘和从动盘本体铆成一个整体，将从动盘毂及其两侧的阻尼片夹在中间，从动盘本体及减振器盘上的窗孔都有翻边，使窗口中的弹簧不会脱出。同样，从动盘毂上的缺口与隔套之间留有间隙，从而使从动盘本体与从动盘毂之间能相对转动一个角度。

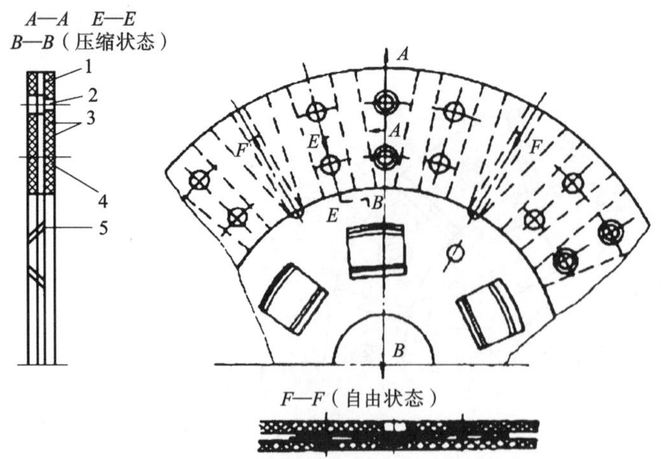

1—波形弹簧片；
2—波形弹簧片铆钉；
3—从动盘摩擦片；
4—摩擦片铆钉；
5—从动盘本体

图 2.15 组合式弹性从动盘

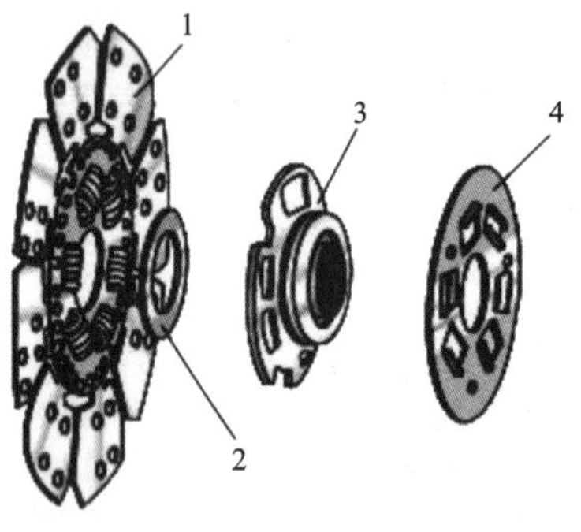

1—波形弹簧片；
2—减振器阻尼片；
3—从动盘毂；
4—减振器盘

图 2.16 扭转减振器结构示意图

扭转减振器具有一定的吸振特性，主要作用是吸收来自发动机的扭转振动，避免这些振动直接传至变速器的齿轮上，减少零件因周期性冲击载荷而产生的疲劳破坏，影响使用寿命。从动盘不工作时，处于图 2.17(a)所示的状态。当离合器接合时，两侧摩擦片所受摩擦力矩首先传递到从动盘本体和减振器盘上，再经弹簧传递给从动盘毂。这时，弹簧被压缩而吸收传动系统所受的冲击力，工作时从动盘处于图 2.17(b)所示的状态。

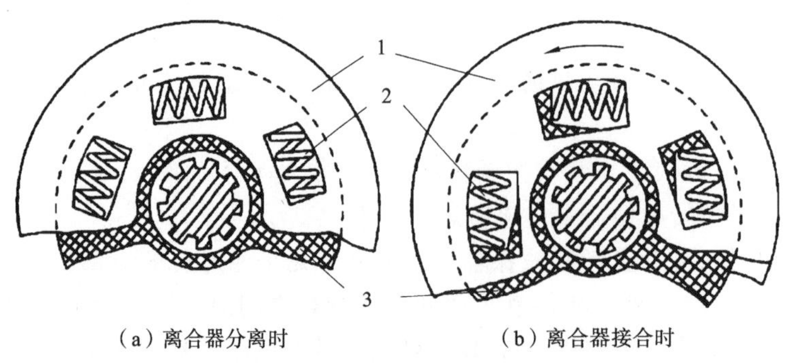

1—从动盘钢片；
2—减振弹簧；
3—从动盘毂

图 2.17 扭转减振器的工作

2. 压盘

压盘是个普通的平直、质量大的金属环，一般由铸铁或铸钢制造，如图 2.18 所示。质量大有利于散热和有足够的热容以防止热变形。另外，压盘要有足够的强度，这样弹簧力将均匀分布到离合器从动盘上。转矩可通过传力销、传动片或凸台从离合器盖传递给压盘，分离杠杆则从离合器盖孔内延伸到凸台上。压盘上的转矩通过压盘与从动盘片的接触而传递到从动盘上。压盘直径是在压盘环外缘处测量得到的，通常稍大于或等于离合器从动盘的尺寸。

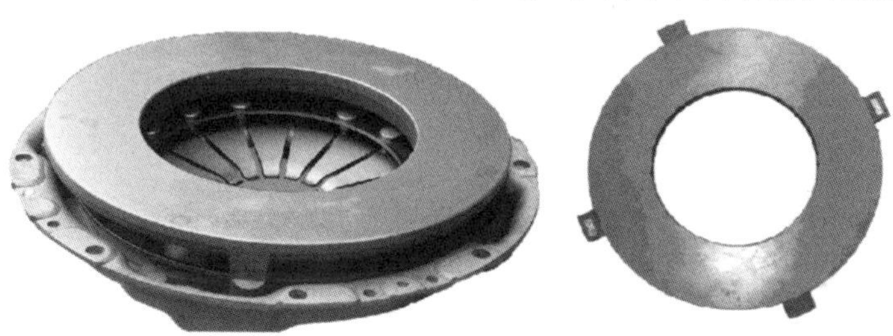

图 2.18　离合器压盘

3. 压紧弹簧

压紧弹簧一般为膜片弹簧或螺旋弹簧，弹簧产生压紧力使得离合器能传递转矩。

螺旋弹簧是采用具有优质耐高温特性的弹簧钢绕制而成，螺旋弹簧的尺寸和数量应满足压紧力的需求，一般采用 12 个弹簧均布的形式，必须确保弹力在轴向分布均匀，以防止离合器打滑。在螺旋弹簧的支承端加装有隔热垫可防止弹簧高温失效。

膜片弹簧的形状为碟形，上面开有若干径向切槽，切槽的内端是开通的，为防止应力集中而产生裂纹，其外端为圆边孔。

目前，有两种形式的膜片弹簧：一种如图 2.19(a)所示，这种膜片弹簧由切槽之间钢板充当分离杠杆，其特点是结构简单、空间紧凑，多用于单片离合器上；另一种如图 2.19(b)所

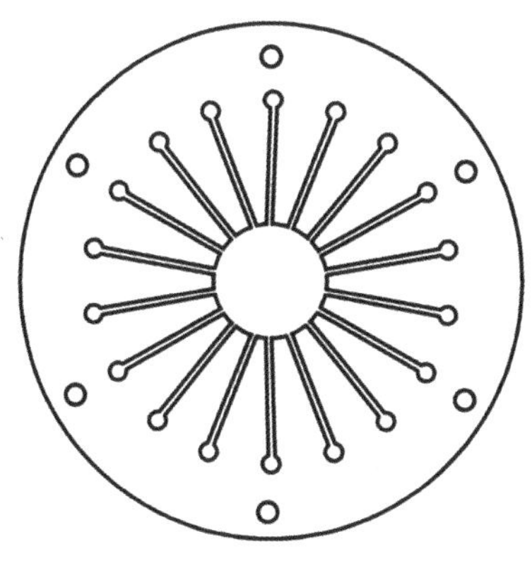

(a) 带分离指的膜片弹簧

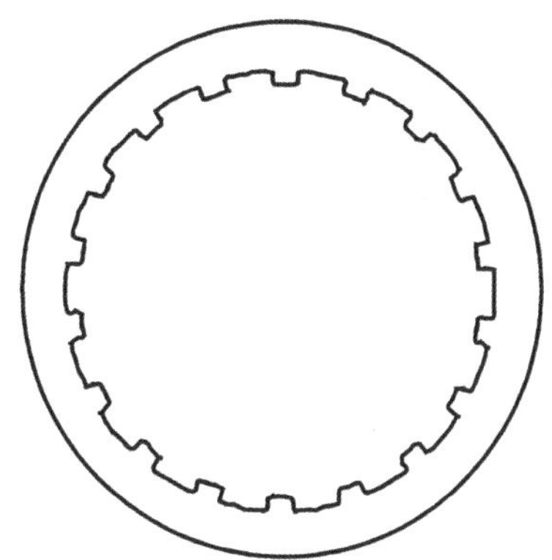

(b) 不带分离指的膜片弹簧

图 2.19　两种膜片弹簧

示，分离杠杆仍采用传统的分离杠杆，这种膜片弹簧多用于多片或双作用离合器。

任务实施

实施离合器主要零部件调整与检修作业

故障离合器在分解总成后要检查每个零件，以确定零件是否已经失效。这样做是为了确定在重装离合器前需要对哪些零件进行修复或更换。

进行离合器主要零部件调整与检修作业前，要做好前期技术资料熟悉、工量具及安全操作准备工作。然后进行相关作业。拖拉机离合器从动盘的调整与检修作业工单见表 2.3。

思考与练习

(1) 离合器的主要零部件有哪些？各有什么功用？

(2) 从动盘铆接时应注意哪些方面？

(3) 膜片弹簧与螺旋弹簧的特性有什么不同？

任务检查与评价

表 2.3　拖拉机离合器从动盘的调整与检修作业工单

型号	编号	上次保养日期	行驶时间/h	保养日期

说明：从动盘是离合器中最易损坏的部件之一，离合器从动盘摩擦片的技术状况不良，将会影响离合器的正常工作，不能有效地传递发动机的动力。从动盘摩擦片如有严重磨损、破裂、烧蚀、从动盘花键孔与花键轴配合松旷、整体严重翘曲变形等都应予以修理或更换。

序号	操作内容	操作说明	所需工具
10	目视检查从动盘摩擦片的表面质量	① 如摩擦片表面轻微烧蚀、硬化或沾有油污，可用粗砂布或锉刀修磨以后再用。 ② 如摩擦片表面有裂纹、烧蚀严重、铆钉外露、减振弹簧断裂等情况，则应更换从动盘组件	
20	检查摩擦片的磨损	① 用深度尺检查铆钉来确定从动盘摩擦片的磨损程度。 ② 用深度游标卡尺测量每个铆钉头沉入摩擦片表面的深度，确定摩擦片的磨损程度，从而确定该摩擦片是否可继续使用。如果其中任意一个铆钉头沉入深度小于 0.5 mm，则必须更换离合器摩擦片或整个从动盘。 ③ 用游标卡尺检查离合器从动盘厚度，以确定从动盘摩擦片的磨损程度。当总厚度小于规定值时，应更换。更换时，两摩擦片的厚度差不应超过 0.50 mm	深度尺、游标卡尺等
30	检查离合器从动盘花键毂的磨损	① 离合器从动盘花键毂的磨损过大，将导致起步或车速突然改变时发出响声。检查时，将从动盘装在变速器第 1 轴的花键上，用百分表在从动盘的外圆圆周上进行测量。固定变速器第 1 轴，用手轻轻来回转动从动盘做配合检查，不得有明显的晃动，百分表的摆差不得超过规定值，否则必须更换离合器从动盘组件。 ② 从动盘组件经修理或更换摩擦片后要进行静平衡试验，不平衡度应在原规定范围内。一般来说，不平衡允许误差为 18 g · cm	静平衡仪、百分表等

续表

序号	操作内容	操作说明	所需工具
40	检查从动盘钢片的变形	① 从动盘钢片的翘曲变形会引起汽车起步时离合器发抖和磨损不均匀，其翘曲度的测量方法是使用百分表在距从动盘外边缘 2.5 mm 处测量从动盘的端面圆跳动量，其值不应超过允许值。 ② 当从动盘的端面圆跳动量超过允许值时，应进行校正或更换。 ③ 从动盘钢片与从动盘毂的铆钉可用手锤敲击检查，如有松动和断裂，应予以更换或重铆	百分表、平衡仪、专用扳手等
		（表格根据需要添加）	

建议事项：

检查：

(1) 任务准备是否充分；

(2) 任务工单的完成情况；

(3) 对离合器从动盘的认知情况；

(4) 整理设备和现场；

(5) 优化与创新。

评估：

续表

考评项目	自我评估	组长评估	教师评估	权重分
劳动纪律				5
安全、环境意识				5
任务方案				5
实施过程				15
工量具使用				5
完成情况				15
分工与协作				10
创新思路				10
综合评价				30
合计				100

操作者签名：　　　　　　组长签名：　　　　　　教师签名：

任务 2.3　离合器故障诊断与排除

2.3　离合器踏板自由行程的检查与调整

任务目标

(1) 了解拖拉机离合器常见故障现象。

(2) 能分析拖拉机离合器常见故障的产生原因。

(3) 能正确、有效地排除拖拉机离合器常见故障。

(4) 培养学生遵守操作工艺规范的意识。

(5) 培养学生的综合应用能力和团队协作意识。

任务准备

离合器是拖拉机动力传动系统中的重要部件之一。离合器在使用过程中,随着时间的推移,会出现一些故障使拖拉机不能正常工作。目前,拖拉机传动系统中应用最多的是单片干式常接合双作用摩擦片式离合器。离合器的常见故障有离合器打滑、离合器分离不彻底、离合器发抖、离合器有不正常响声等。

1. 离合器打滑

离合器打滑时,不但离合器的摩擦片会损坏,更重要的是拖拉机的动力得不到充分发挥,传给变速器的转矩会减小,严重时造成拖拉机前进及后退困难。

1) 故障现象

拖拉机起步时,当离合器踏板完全放松后,离合器虽然处于接合状态,但从动盘的转速仍然低于飞轮和压盘的转速。发动机的动力得不到全部的输出,造成拖拉机起步困难及加速迟钝。负荷较重时拖拉机根本不能起步。出现低速挡起步迟缓、高速挡起步困难现象,有时拖拉机起步发生抖动;拖拉机牵引力降低;当负荷增大时车速忽高忽低,严重时甚至停车,但内燃机声音无变化;严重时摩擦片长期打滑使离合器过热而高温烧损,摩擦片冒烟并伴有烧焦气味。

2) 诊断方法

将拖拉机停在平地上,把变速器挂上非空挡,拉紧驻车制动器,使离合器处于完全接合状态,用专用工具摇转柴油机,如能摇动则为离合器打滑。

在测试路面上启动发动机,拉紧驻车制动,挂入低速挡,慢慢地放松离合器踏板,并踩下加速踏板逐渐加油,若拖拉机不能前进,而发动机能运转又不熄火,则说明离合器打滑。

3）故障分析

导致离合器打滑的根本原因是离合器压紧力下降或摩擦片表面质量恶化，使摩擦系数降低，从而导致摩擦力矩变小。导致摩擦力矩变小的具体原因有离合器压盘压力过小或压盘压力不平衡、从动盘摩擦片等有油污、从动盘翘曲变形或摩擦片表面烧损、摩擦片严重磨损、离合器盖与飞轮连接螺栓松动及操作不当等。

（1）离合器压盘压力过小或压盘压力不平衡。

当离合器压盘压力过小或压盘压力不平衡时，离合器摩擦副之间会有过大的滑动，摩擦力减小导致摩擦力矩变小。其主要原因如下。

① 调整不当使离合器踏板的自由行程过小，甚至没有自由行程，分离轴承常压在离合器分离杠杆上，压盘始终处于半分离状态造成压盘压力不足而导致摩擦力矩减小。

② 离合器压盘弹簧折断、弹力减小以及弹簧工作长度变短，致使压盘压力减小；个别弹簧弹力不足，使压盘压力一边大一边小，从而使压盘接合压力不平衡而造成离合器打滑。

③ 离合器踏板受阻滞，或者是分离轴、踏板轴销等润滑不良、有锈蚀，或者是踏板回位弹簧脱落、弹力减小等原因使离合器踏板不能回位，分离轴承仍然与分离杠杆接触造成离合器打滑。

④ 由于离合器3个分离杠杆端头不在同一个平面内而导致离合器在接合的情况下，仅有一个或两个分离杠杆端头与分离轴承接触，从而使压盘压力不平衡，造成离合器打滑。

（2）从动盘摩擦片等有油污。

当离合器从动盘摩擦片、压盘及飞轮之间沾有油污时，离合器摩擦表面的摩擦系数会降低从而使摩擦力矩变小。离合器中油污的来源如下。

① 离合器在使用过程中，由于频繁接合，摩擦发热，分离轴承温度升高后，分离轴承中的润滑脂变稀而被甩进摩擦副表面，造成摩擦副摩擦性能变差，使离合器打滑。

② 拖拉机变速器第1轴的油封、轴承座处损坏或曲轴后油封损坏而漏油，以及各连接螺栓松动而造成密封不严，使变速器内的齿轮油或者曲轴箱内的机油漏入离合器室内，造成离合器打滑。

③ 离合器壳体下方的排污小孔堵塞后未及时疏通，使离合器室内的尘土和油污排不出去，尘土和油污进入摩擦副表面从而引起离合器打滑。

④ 离合器在装配时错误地在离合器轴花键上涂润滑脂，因为离合器工作时发热，润滑脂融化后被甩到压盘和摩擦片之间，从而使离合器打滑。

（3）从动盘翘曲变形或摩擦片表面烧损。

① 从动盘摩擦片翘曲变形或者飞轮接合面、压盘平面磨损后不平，会使摩擦片与飞轮、压盘三者之间接触不良，使摩擦片接触面积减小而造成传递力矩降低。

② 由于离合器打滑后，摩擦片、飞轮及压盘平面接合面产生烧损，其表面生成一层光滑的硬化层，使摩擦副表面摩擦系数降低而造成离合器打滑。

（4）摩擦片严重磨损。

当摩擦片严重磨损时，摩擦片表面的铆钉头部凸出，从而减弱从动盘摩擦片接触；同时，摩擦片厚度减薄后，压盘会向飞轮方向靠近，压紧弹簧伸长量增大致使压紧力减小，分离杠杆向后翘起，离合器的自由行程变小甚至消失，减小了压紧弹簧的部分压力，摩擦副间摩擦力因接触不良而降低,使离合器打滑。

(5) 离合器盖与飞轮连接螺栓松动。

飞轮与离合器盖连接螺栓松动,使离合器打滑。

(6) 操作不当。

操作不当的主要表现如下。

① 操作者的脚经常放在离合器踏板上,使离合器处于半合半离状态。

② 经常大油门、高速挡位、重负荷起步。

③ 分离离合器不够迅速、干脆,使摩擦片滑转、磨损。

④ 操作不熟练,使离合器打滑。

⑤ 当拖拉机陷车后,用突然加油和猛抬离合器的方法硬冲,造成摩擦片滑转。

2. 离合器分离不彻底

离合器分离不彻底时不能切断发动机输出的动力,不但会使拖拉机换挡困难或挂不上挡,而且会加剧变速器齿轮早期磨损甚至损坏。

1) 故障现象

离合器分离不彻底的故障现象为当离合器踏板踩到底以后,发动机与变速器之间的动力不能完全切断,离合器处于半合半离状态,仍有部分动力传给变速器;发动机在怠速时,离合器踏板完全踩到底后,挂挡困难,变速器中有齿轮撞击声。当勉强强行挂入挡后,离合器踏板不回位,拖拉机则立即向前行驶或发动机熄火。

2) 诊断方法

拖拉机有以上故障表现时,可确定离合器的故障就是分离不彻底。在检修或保养拖拉机时,将变速器放到空挡,踩下离合器踏板,用旋具拨动离合器摩擦片。若能轻轻地转动,则离合器能分离、能切断动力;若拨不动,则表示离合器分离不彻底或不能分离。

3) 故障分析

导致离合器分离不彻底的根本原因是离合器在需要分离时,从动盘与压盘间仍有压紧力的作用,从而导致摩擦力矩存在。故障原因具体如下。

(1) 操纵机构行程调整不当。

操纵机构行程调整不当主要是指离合器的自由行程和分离行程调整不当。

① 3 个分离杠杆端头与分离轴承端面的间隙过大,使离合器踏板自由行程过大,有效行程变小。

② 3 个分离杠杆间隙不一致,当踩下离合器踏板时,压盘向后移动不足,或移动时压盘歪斜,使主动盘和从动盘分离不彻底。

(2) 安装时从动盘装反或更换的从动盘摩擦片过厚。

当踩下踏板分离离合器时,从动盘移动微小或不移动,使从动盘无轴向间隙,导致主动盘和从动盘不能分离。

(3) 从动盘轴向移动不畅。

从动盘毂花键与离合器轴花键齿锈蚀、有毛刺及脏物卡住、磨出台阶或者装配过紧等,都会使从动盘轴向移动困难，摩擦片不能在离合器轴上自由滑动，使得摩擦盘片与飞轮贴合在一起。

(4) 从动盘严重翘曲变形。

从动盘翘曲变形相当于厚度增加，即使离合器调整有正常的分离行程，但分离时从动盘和主动盘仍有局部接触，从而使离合器分离不彻底。

(5) 离合器轴或曲轴轴向间隙过大。

轴承及其座孔严重磨损，会造成离合器轴、离合器总成有轴向窜动；曲轴止推片严重磨损，使曲轴轴向间隙过大。当踩下离合器踏板时，从动盘做轴向移动，由于轴向间隙过大，可能使离合器轴向前窜动或者曲轴向后窜动，因此主、从动盘不能彻底分离。

(6) 压力弹簧折断、脱落或失效。

压力弹簧折断、脱落或失效会使压盘不能立即回位，而使从动盘分离不彻底。

(7) 压力弹簧的高度不一致或者有的压力弹簧端面不平。

压力弹簧的高度不一致或者有的压力弹簧端面不平会使弹簧弹性不一致、弹簧弹力强弱悬殊，导致压盘在分离时被拉偏，从而造成离合器分离不彻底。

(8) 离合器轴与飞轮上的轴承黏结。

曲轴后端或飞轮上的离合器轴前轴承严重缺油而黏结、咬死，会造成离合器轴与飞轮上的轴承黏结，当从动盘分离时，离合器轴仍然继续被飞轮上的离合器轴前轴承带转。

(9) 分离部件损坏或断裂。

由于长期使用，分离杠杆上的销孔与销轴磨损严重，使配合间隙增大。分离杠杆端头上的承压面磨损严重会导致离合器自由行程变大，从而引起分离杠杆或销轴折断，当踩下踏板时，压盘不能分开，或者能分开但压盘偏斜，造成离合器分离不彻底。

(10) 从动盘摩擦片铆钉松动。

离合器从动盘摩擦片铆钉铆接不牢，有部分铆钉松动后，踩下离合器踏板，离合器压盘后移时，未铆紧的摩擦片就会离开钢片向外张开造成摩擦片仍与飞轮和压盘端面接触，致使离合器分离不彻底。

(11) 从动盘摩擦片烧损变质。

从动盘摩擦片由于某种原因烧损变质，在行驶一定路程后，从动盘摩擦片自身达到一定温度之后，黏附在飞轮或压盘上，造成离合器分离不彻底。

3. 离合器发抖

拖拉机起步时离合器发生抖动，整个拖拉机也会跟着抖震，有时会出现连续性的冲击。严重时，会使整个拖拉机发抖。

1) 故障现象

离合器发抖的具体表现是拖拉机起步时，驾驶员按正常操作平缓地放松离合器踏板，离合器正常平缓地接合时，拖拉机不是平稳起步并逐渐地加速，而是间断接通动力造成拖拉机跟着抖震。

2）诊断方法

在使用或检修拖拉机时，如果出现以上故障现象，就可确定离合器的故障就是发抖。

3）故障分析

导致离合器发抖的根本原因就是离合器间断接合，故障具体表现如下：

（1）离合器分离杠杆与分离轴承的间隙不一致；

（2）离合器从动盘翘曲变形或摩擦片铆钉松动；

（3）离合器压盘各弹簧弹力差异过大或有个别弹簧折断；

（4）离合器曲轴与飞轮固定螺栓松动；

（5）从动盘摩擦片有油污或者离合器压盘、中压板、飞轮表面硬化、损伤；

（6）发动机支架螺栓或变速器固定螺栓松动。

4. 离合器有不正常响声

离合器产生异响，说明离合器有故障。因此，在使用过程中一定要停车检查，不能听之任之，避免发生更大的事故。

1）故障现象

离合器异响多发生在离合器接合或分离时，当踩下或放松离合器踏板时，在离合器处可听到不正常响声。离合器刚接合时，有时会有“沙沙”的响声；接合、分离或转速突然变化时，会有异常的响声，等等。

2）诊断方法

在使用或检修拖拉机时，如果发生以上故障，就可确定离合器的故障就是有不正常响声。

3）故障分析

导致离合器产生异响的根本原因是离合器室内有异物出现或者有如连接处松动等现象，故障具体表现如下。

（1）分离杠杆与分离轴承经常接触。

分离杠杆与分离轴承间隙过小、调整不平衡，或者踏板回位弹簧过软、脱落或折断，或者轴承座回位弹簧松软、折断、伸长、脱落等，使分离杠杆与分离轴承经常接触而产生异响。

（2）分离杠杆折断的响声。

分离杠杆意外折断后，分离离合器时压盘会歪斜，使主动盘和从动盘分离不彻底。

（3）分离轴承缺油或损坏。

分离轴承缺油或损坏会使分离轴承转动时产生噪声，转动不灵活，甚至不能转动。在离合器分离过程中，分离轴承端面与分离杠杆端头刚接触时，发生干摩擦而发出响声。

（4）配合件磨损。

从动盘毂键槽孔与离合器轴花键齿严重磨损、配合松旷后，在离合器在接合或分离的瞬间，松旷的配合件发生冲击，即发出碰撞声。

(5) 从动盘松动。

在起步时接合离合器,以及行驶中分离离合器时,松动的铆合件或配合件发生冲击而发出异常响声。这种故障是离合器从动盘摩擦片铆钉松动、从动盘与从动盘毂铆接松动或分离杠杆销孔与销轴磨损松动等造成的。

任务实施

实施离合器故障诊断与排除作业

1. 离合器的使用与保养

合理地使用离合器和对离合器进行规定的保养,能有效延长离合器的使用寿命,避免故障过早产生。不同机型的拖拉机对离合器的使用与保养有着不同的要求,详见使用说明书。但是,大多数拖拉机,特别是弹簧紧式离合器有以下一些共同特性。

1) 离合器的使用

(1) 分离离合器时,动作要迅速,踏板应踩到底。

(2) 离合器分离时间不宜过长,若需要较长时间停车时,应将变速器换入空挡。

(3) 接合离合器时,要缓慢连续地放松踏板,使离合器接合平顺柔和。

(4) 不要用猛抬离合器踏板的方法冲越困难地段。

(5) 不要用离合器控制行车速度,在行车中不要将脚放在离合器踏板上,避免离合器处于半接合状态,造成离合器的滑磨。

(6) 双作用离合器只有在副离合器彻底分离之后,才能接合或分离动力输出轴。

2) 离合器的维护

(1) 定期适量向轴承注油润滑,但是有些拖拉机的离合器的分离轴承或前轴承不是定期注油润滑,而是在装配前一次注油润滑。对于这种分离轴承,应在修理或拆卸时,检查分离轴承是否缺油。如缺油,则应将轴承放入熔化了的高熔点的钠基或钙钠复合基的黄油中,待其充满黄油冷却后取出装回。

(2) 工作一定时间后,应将离合器壳底下的放油螺栓拧下,收车后及时放出渗入壳体内的机油。

(3) 离合器在工作中因摩擦片沾上油污而打滑,应采用两步法清洗。清洗时,最好在拖拉机停车后趁热进行,因为这时摩擦片较热,容易将油洗掉。

2. 离合器常见故障的诊断与排除

进行离合器常见故障的诊断与排除作业前,应做好前期技术资料熟悉、工量具及安全操作准备工作,然后进行相关作业。

(1) 离合器打滑故障诊断与排除作业工单见表2.4。

(2) 离合器分离不彻底故障诊断与排除作业工单见表2.5。

思考与练习

(1) 双作用离合器在使用时应该注意哪些方面的内容?

(2) 离合器分离不彻底的原因有哪些? 如何排除?

(3) 离合器打滑的原因有哪些? 如何排除?

项目2 习题

任务检查与评价

表2.4　离合器打滑故障诊断与排除作业工单

型号	编号	上次保养日期	行驶时间/h	保养日期
说明：离合器打滑故障的原因有从动盘摩擦片等有油污、离合器压盘压力过小或压盘压力不平衡、摩擦片严重磨损、从动盘翘曲变形或摩擦片表面烧损、离合器盖与飞轮连接螺栓松动等。				

序号	操作内容	操作说明	所需工具
10	离合器室检查	① 检查离合器室是否有油污、杂物等。 ② 检查离合器操纵机构是否有卡滞。 ③ 检查离合器盖等各连接螺栓是否有松动。 ④ 检查离合器受力情况是否过大或过小。 ⑤ 检查离合器复位弹簧是否正常	螺丝刀、 扳手、 塞尺
20	离合器自由行程(或自由间隙)过小的检查	① 按说明书规定检查自由行程。 ② 按要求调整离合器自由行程。 ③ 检查主离合器分离爪与分离轴承的间隙并调整。 ④ 检查副离合器分离拉杆间隙并调整	扳手、 塞尺、 直尺、 角度尺
30	检查离合器从动盘、压盘及弹簧	① 检查从动盘厚度及磨损情况。 ② 检查从动盘是否有翘曲变形。 ③ 检查摩擦片是否粘有油污，不严重时清洁，严重时更换。 ④ 检查从动盘及压盘是否过度磨损，严重时更换。 ⑤ 检查弹簧是否折断或减弱，有则成组更换	卡尺、 平衡仪、 扳手
		(表格根据需要添加)	
建议事项：			

检查：

(1) 任务准备是否充分；

(2) 任务工单的完成情况；

(3) 对离合器故障的认知情况；

(4) 整理设备和现场；

(5) 优化与创新。

评估：

续表

考评项目	自我评估	组长评估	教师评估	权重分
劳动纪律				5
安全、环境意识				5
任务方案				5
实施过程				15
工量具使用				5
完成情况				15
分工与协作				10
创新思路				10
综合评价				30
合计				100

操作者签名：　　　　组长签名：　　　　教师签名：

表 2.5　离合器分离不彻底故障诊断与排除作业工单

型号	编号	上次保养日期	行驶时间/h	保养日期

说明：离合器分离不彻底故障原因有操纵机构行程调整不当，更换的从动盘摩擦片过厚或安装时从动盘装反，从动盘发生严重翘曲变形，摩擦片开裂、破碎，摩擦片铆钉铆接处松动，从动盘轴向移动不畅，离合器轴或曲轴轴向间隙过大，压力弹簧的高度不一致或者有的压力弹簧端面不平，磨损分离部件损坏或断裂，缺油，从动盘摩擦片烧损变质等。

序号	操作内容	操作说明	所需工具
10	离合器室检查	① 检查离合器室是否有油污、杂物等。 ② 检查离合器操纵机构是否有卡滞。 ③ 检查离合器盖等各连接螺栓是否有松动。 ④ 检查离合器受力情况是否过大或过小。 ⑤ 检查离合器复位弹簧是否正常	螺丝刀、 扳手、 塞尺
20	离合器自由行程 （或自由间隙） 过大的检查	① 按说明书规定检查自由行程。 ② 按要求调整离合器自由行程。 ③ 检查主离合器分离爪与分离轴承的间隙并调整。 ④ 检查副离合器分离拉杆间隙并调整	扳手、 塞尺、 直尺、 角度尺
30	检查离合器 从动盘及压盘	① 检查从动盘厚度及磨损情况。 ② 检查从动盘是否发生翘曲变形。 ③ 检查从动盘是否翘曲，严重时更换。 ④ 检查压盘翘曲情况，不严重时加工，严重时更换	卡尺、 平衡仪、 扳手
		（表格根据需要添加）	

建议事项：

检查：
(1) 任务准备是否充分；
(2) 任务工单的完成情况；
(3) 对离合器故障的认知情况；
(4) 整理设备和现场；
(5) 优化与创新。
评估：

续表

考评项目	自我评估	组长评估	教师评估	权重分
劳动纪律				5
安全、环境意识				5
任务方案				5
实施过程				15
工量具使用				5
完成情况				15
分工与协作				10
创新思路				10
综合评价				30
合计				100

操作者签名：　　　　　　　组长签名：　　　　　　　教师签名：

项目 3
变速器的拆装与维修

项目描述

变速器是拖拉机传动系统中的重要部件之一。拖拉机变速器多采用齿轮式变速器。变速器在工作时，变速器内零件的相对运动非常频繁，齿轮、轴、箱体等零件本身也承受着各种力的作用，因此，变速器也是一种易发病的总成。本项目重点进行变速器拆装、主要零件检修，以及挂挡困难或挂不上挡、自动脱挡、乱挡、变速器声音异常与变速器漏油、缺油、发热等常见故障的诊断与排除的作业。

项目任务

(1) 变速器的拆装与维护。
(2) 变速器主要零部件检修。
(3) 变速器故障诊断与排除。

项目目标

(1) 能描述变速器的用途及工作原理。
(2) 能选择适当的工具拆装拖拉机变速器。
(3) 能有效地对变速器零部件进行检修。
(4) 会诊断和排除拖拉机变速器故障。
(5) 培养学生严谨务实的工匠精神。
(6) 培养学生遵守操作工艺规范的意识。
(7) 树立安全文明生产意识和环境保护意识。

任务 3.1　变速器的拆装与维护

任务目标

3.1　变速器总成爆炸动态图

(1) 了解变速器的基本功用、类型、组成及工作原理。
(2) 了解典型拖拉机变速器的结构。
(3) 能选用适当工具对拖拉机变速器进行拆装及维护。
(4) 培养学生严谨务实的工匠精神。
(5) 树立安全文明生产意识和环境保护意识。
(6) 培养学生的责任担当和创新精神。

任务准备

变速器是拖拉机传动系统中的重要部件。一般轮式拖拉机变速器安装在摩擦式离合器后，履带拖拉机变速器则安装在万向传动装置与后桥之间。

1. 变速器功用

(1) 减速增转矩，即以减小转速的方式来增大发动机的传递转矩。

(2) 实现空挡在发动机不熄火的情况下可以长时间停车，同时也为发动机顺利启动创造条件。

(3) 在发动机转矩、转速不变的情况下变速变转矩，通过变速器的换挡，使传动系统的传动比发生变化，从而改变拖拉机的驱动力和行驶速度。

(4) 可倒挡，使拖拉机能够倒退行驶。

2. 变速器的类型

图 3.1 所示为变速器的类型。由图 3.1 可知，变速器有多种类型。目前，广泛使用的变速器是齿轮变速器。它是通过变换一对或几对不同的传动比的齿轮啮合来改变变速器总的变速比的，其中包括零传动及负传动。

根据变速器变速方式，其可分为手动变速器和自动变速器两大类型。手动变速器是通过操纵变速杆进行换挡的，而自动变速器是根据车辆的负荷和车速进行自动换挡的。

根据变速器的组合方式，其可分为简单变速器和组成式变速器。拖拉机由于要求排挡

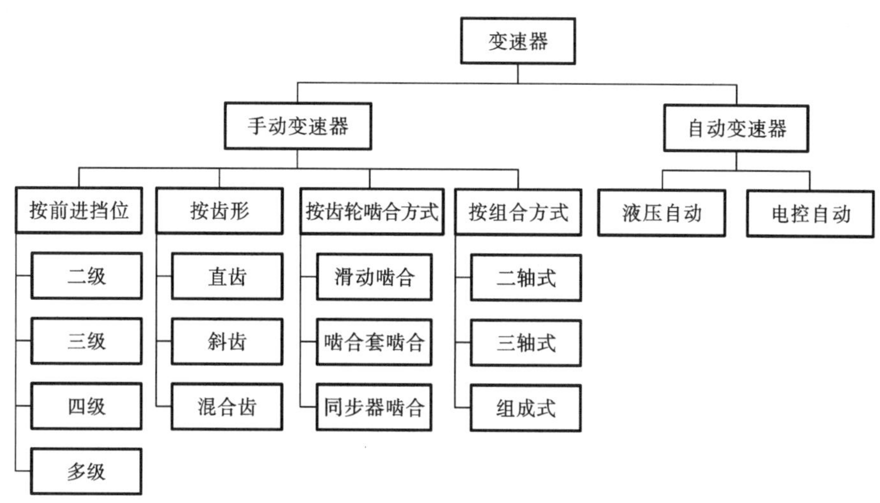

图 3.1　变速器的类型

数多，多采用组成式变速器。

根据变速器中除倒挡轴外工作轴的数量，变速器可分为二轴式变速器和三轴式变速器。三轴式变速器可在保证结构紧凑前提下增大传动比，但由于齿轮数量多，因此传动效率稍低。

3. 变速器的组成

根据变速器传动形式的要求不同，现有齿轮式变速传动机构可分为两轴式、三轴式和组合式 3 类，如图 3.2 所示。

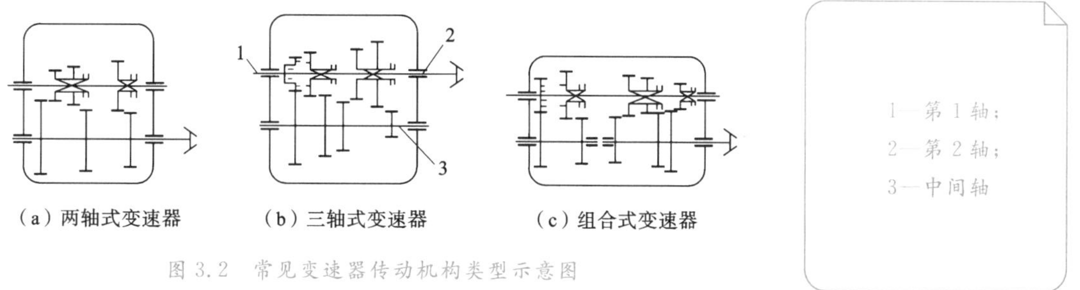

图 3.2　常见变速器传动机构类型示意图

1）两轴式变速器

图 3.3 所示为两轴式变速器传动机构简图。

该变速器输入轴 1 通过离合器与发动机曲轴相连；输出轴 12 经中央传动将动力和运动传给驱动轮。具有 5 个前进挡和 1 个倒挡。在输入轴上，从左向右的齿轮依次为Ⅰ、Ⅱ、Ⅲ、Ⅳ、Ⅴ挡和倒挡的主动齿轮，其中Ⅲ、Ⅳ挡主动齿轮通过轴承空套在输入轴上。在输出轴上，从左向右的齿轮依次为上述各前进挡和倒挡的从动齿轮。其中，齿轮 28、23、20、13 均通过轴承空套在输出轴上。倒挡主动齿轮 11、倒挡中间齿轮 15 和倒挡从动齿轮 13 位于同一回转平面内。

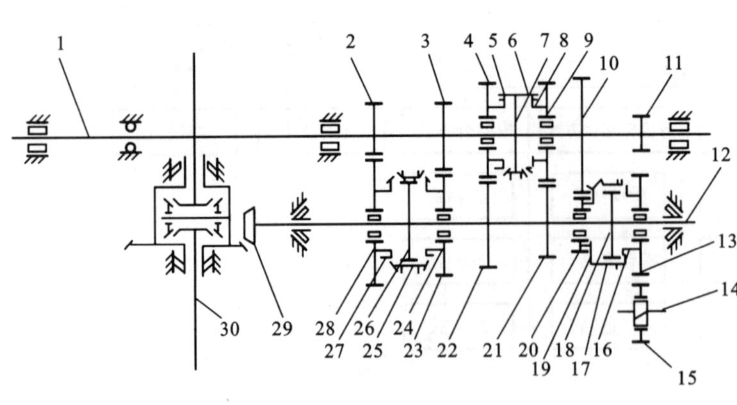

图 3.3　两轴式变速器传动机构简图

1—输入轴；
2,3,4,9,10—Ⅰ,Ⅱ,Ⅲ,Ⅳ,Ⅴ挡主动齿轮；
5,8,16,19,24,27—同步器锁环；
6,17,25—同步器接合套；
7,18,26—同步器花键毂；
11,13—倒挡主、从动齿轮；
12—输出轴；14—倒挡齿轮轴；
15—倒挡中间齿轮；
20,21,22,23,28—Ⅴ,Ⅳ,Ⅲ,Ⅱ,Ⅰ挡从动齿轮；
29—中央传动主动锥齿轮；
30—半轴

相对来说，两轴式变速器结构简单。前进时只有一对齿轮传动，因而传动效率较高，噪声较低。如果传动比要求大、挡位数要求多，则将会导致变速器庞大和笨重。

2）三轴式变速器

图 3.4 所示为三轴式变速器变速机构简图。

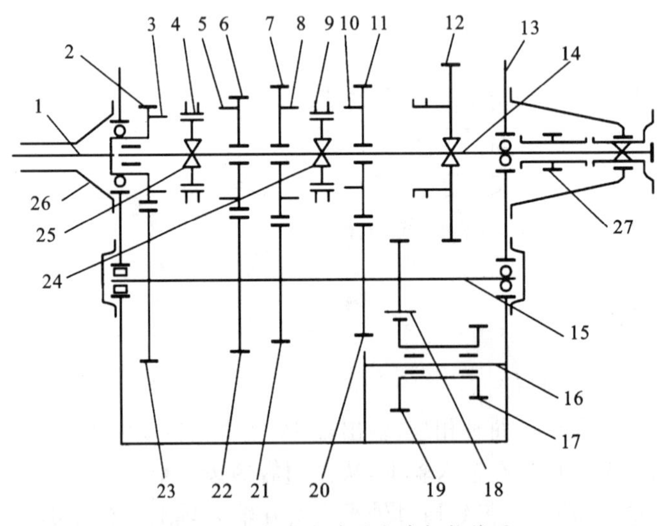

图 3.4　三轴式变速器变速机构简图

1—第 1 轴；
2—第 1 轴常啮合齿轮；
3—第 1 轴齿轮接合齿圈；
4,9—接合套；
5—Ⅳ挡齿轮接合齿圈；
6—第 2 轴Ⅳ挡齿轮；
7—第 2 轴Ⅲ挡齿轮；
8—Ⅲ挡齿轮接合齿圈；
10—Ⅱ挡齿轮接合齿圈；
11—第 2 轴Ⅱ挡齿轮；
12—第 2 轴Ⅰ及倒挡滑动齿轮；
13—变速器壳体；14—第 2 轴；
15—中间轴；16—倒挡轴；
17,19—倒挡中间齿轮；
18—中间轴Ⅰ及倒挡齿轮；
20—中间轴Ⅱ挡齿轮；
21—中间轴Ⅲ挡齿轮；
22—中间轴Ⅳ挡齿轮；
23—中间轴常啮合齿轮；
24,25—花键毂；
26—第 1 轴轴承盖；
27—车速里程表传动齿轮

该变速器具有第 1 轴 1、中间轴 15 和第 2 轴 14。第 1 轴前端与轴承配合并支承在发动机曲轴后端的内孔中，其花键用来安装离合器从动盘，第 1 轴后端与轴承配合并支承在变速器壳体的壁上，齿轮2一般与此轴制成一体。中间轴两端均用轴承支承在变速器壳体上，其上面固定的齿轮23与齿轮2构成常啮合传动副。齿轮20、21、22分别为Ⅱ、Ⅲ、Ⅳ挡主动齿轮并固连在中间轴上，和该轴制成一体的齿轮18是Ⅰ挡和倒挡公用的主动齿轮。

第2轴前、后端分别用轴承支承于第1轴后端孔内和变速器壳体的壁上，齿轮12是采用花键连接并能通过操纵机构轴向滑动的Ⅰ挡和倒挡公用的从动齿轮，齿轮11、7、6分别为Ⅱ、Ⅲ、Ⅳ挡从动齿轮，它们分别与齿轮20、21、22保持常啮合，花键毂24和25分别固定在齿轮11与7之间和6与2之间，两毂上的外花键分别与带内花键的接合套9和4连接，并且接合套通过操纵机构沿花键毂做轴向左右滑动，来实现与齿轮11或7、齿轮6或2上的接合套圈接合。倒挡轴16上的双连倒挡齿轮17和19采用轴承支承，齿轮19和18呈常啮合。

因此，当第1轴旋转时，通过齿轮2带动中间轴及其上所有齿轮旋转，但由于从动齿轮6、7、11均空套在第2轴上，接合套4、9和齿轮12都处于中立位置，不与任何齿轮的接合齿圈接合，也不与齿轮18或17接合，因此第2轴不能被驱动，变速器处在空挡状态。

使用变速器操纵机构，各挡位传动路线如下。

Ⅰ挡：齿轮12左移与齿轮18啮合，传动由第1轴依次经齿轮2、23、18、12，最后传到第2轴。

Ⅱ挡：同步器接合套9右移与齿圈10啮合，传动由第1轴依次经齿轮2、23、20、11及齿圈10、接合套9、花键毂24，最后传到第2轴。

Ⅲ挡：同步器接合套9左移与齿圈8啮合，传动由第1轴依次经齿轮2，23，21，7及齿圈8、接合套9、花键毂24，最后传到第2轴。

Ⅳ挡：接合套4右移与齿圈5啮合，传动由第1轴依次经齿轮2、23、22、6及齿圈5、接合套4、花键毂25，最后传到第2轴。

Ⅴ挡：接合套4左移与齿圈3啮合，传动由第1轴依次经齿轮2及齿圈3、接合套4、花键毂25，直接传到第2轴。

倒挡：齿轮12右移与齿轮17啮合，传动由第1轴依次经齿轮2、23、18、19、17、12，最后传到第2轴。

三轴式变速器Ⅴ挡常称为直接挡，即第1轴传动不经中间轴直接传到第2轴，其传动效率最高，也可获得最高车速。而其他前进挡都经过两对齿轮传动，倒挡经过三对齿轮传动，故传动效率有所降低，噪声有所增大。

3）组合式变速器

现代农业生产的发展要求拖拉机能进行越来越多的作业，为适应不同的作业条件，要求拖拉机前进挡数越多越好。对此，如果采用上述变速器原理和结构，势必会造成变速器庞大且笨重。目前，利用组合式变速器可较好地解决这一问题。

图3.5所示为SH-50型拖拉机的组合式变速器传动机构简图。

组合式变速器通常由仅有高、低两个挡位的副变速器和挡位数较多的主变速器串联而成，我国自行设计的拖拉机大多采用此种形式。

图3.5所示中间部分为三轴式主变速器。它具有三个前进挡和一个倒挡；右边为行星齿轮传动构成的副变速器，它具有高、低两挡。因此，该组合式变速器共有2×(3+1)个挡，即6个前进挡和2个倒挡。

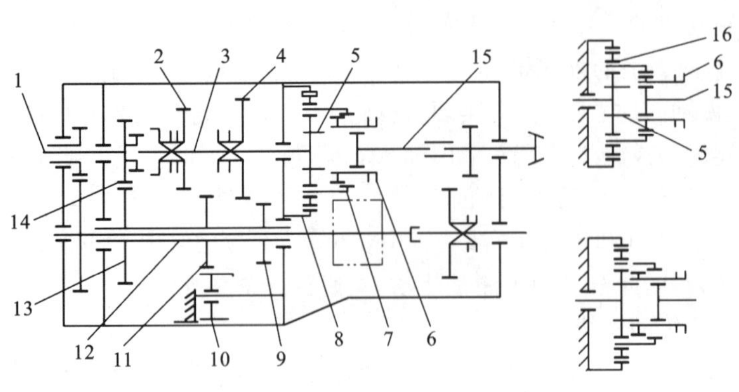

1—第 1 轴；
2—Ⅱ、Ⅲ挡滑动齿轮；
3—第 2 轴；
4—Ⅰ及倒挡滑动齿轮；
5—太阳齿轮；6—啮合套；
7—行星齿轮架；
8—内齿圈；
9—Ⅰ挡主动齿轮；
10—倒挡齿轮；
11—Ⅱ挡主动齿轮；
12—中间轴；
13—中间轴常啮合齿轮；
14—第 1 轴常啮合齿轮；
15—传动齿轮轴；
16—行星齿轮

图 3.5　SH-50 型拖拉机的组合式变速器传动机构简图

副变速器中的行星齿轮传动机构由行星齿轮架 7 圆周均布的三根轴上空套三个行星齿轮 16、主变速器第 2 轴 3 右端上固定连接的太阳齿轮 5、固定在变速器壳壁上的内齿圈 8 等组成，行星齿轮同时与太阳齿轮和内齿圈啮合。因此，当太阳齿轮旋转时，行星齿轮既自转，又沿内齿圈滚动，从而带动行星齿轮架旋转。由于行星齿轮架的转速低于太阳齿轮的转速，当通过操纵机构向右拨动啮合套 6，使其外齿与行星齿轮架内齿啮合时，传动由第 2 轴经太阳轮、行星齿轮、行星齿轮架内齿、啮合套外齿、啮合套内齿，最后传到传动齿轮轴 15 上，得到副变速器低速挡。当通过操纵机构向左拨动啮合套，让内齿与太阳齿轮啮合时，传动由第 2 轴经太阳齿轮、啮合套直接传到传动齿轮轴上，得到副变速器高速挡。

分别用主、副变速操纵机构控制主、副变速器的挡位，原则上先使用副变速，选定所需挡位，再使用主变速杆选择所需挡位。

4. 变速器的工作原理

1）增扭减速原理

齿轮传动的增扭减速作用原理如图 3.6 所示。

两齿轮传动靠齿轮的齿传递动力，主动齿轮一个齿推动从动齿轮一个齿。当主动齿轮齿数为 10 齿，从动齿轮齿数为 20 齿时，主动齿轮转一圈，从动齿轮刚好只转过半圈，这样从动齿轮的转速就降低了一半。同时，两齿轮接触表面上的作用力是相等的，由于扭矩等于作用力乘半径，在作用力相等的条件下，主动齿轮半径小，则扭矩小，从动齿轮半径大，则扭矩大。因此，小主动齿轮驱动大从动齿轮，会降低从动齿轮的转速，增大从动齿轮的扭矩。由于齿轮的直径与它的齿数成正比关系，当不计传动过程中摩擦阻力时，从动齿轮转速降低的倍数正好就是它扭矩增大的倍数。

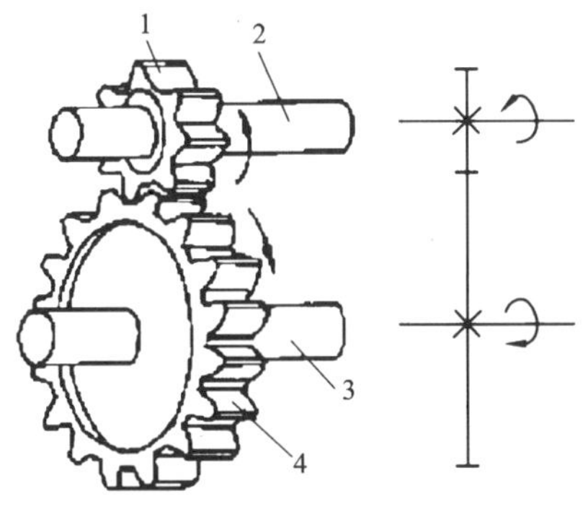

1—主动齿轮；
2—主动轴；
3—从动轴；
4—从动齿轮

图 3.6　齿轮传动的增扭减速作用原理

2）变扭变速原理

为了实现拖拉机的变扭变速，变速器将由不同传动比的多对齿轮组成。当一对齿轮传递动力时，其他齿轮脱开啮合。图 3.7 所示为常用的滑动齿轮变速器的工作原理。

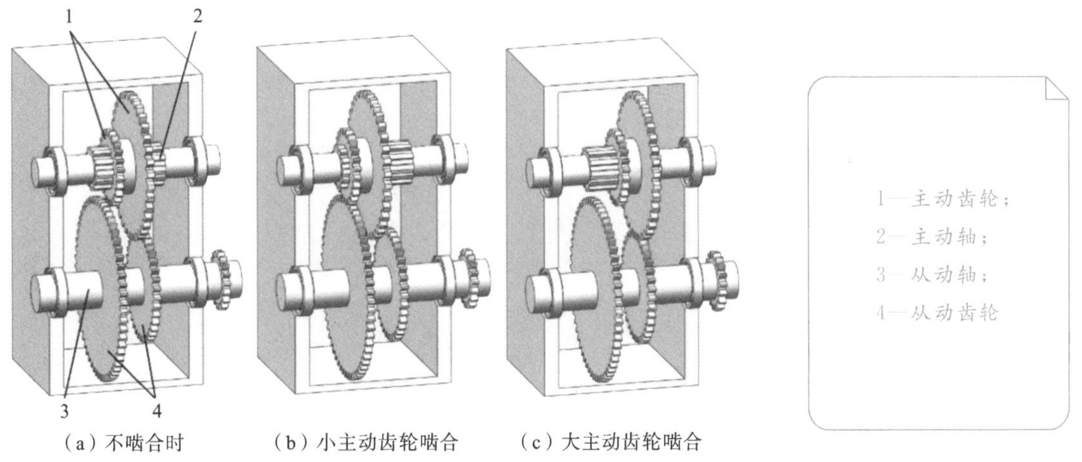

（a）不啮合时　（b）小主动齿轮啮合　（c）大主动齿轮啮合

1—主动齿轮；
2—主动轴；
3—从动轴；
4—从动齿轮

图 3.7　常用的滑动齿轮变速器的工作原理

其主动齿轮是双联齿轮，可在主动轴上前后移动，从动齿轮固定在从动轴上。如图 3.7(a)所示，空挡时主动齿轮处在不啮合的中间位置，主动齿轮的动力不传给从动齿轮，实现动力切断。如图 3.7(b)所示，将主动齿轮向左移，小主动齿轮与从动齿轮啮合，主动轴的动力经小主动齿轮、大从动齿轮传给从动轴，获得一个传动比，即一个排挡。如图 3.7(c)所示，将主动齿轮向右移，大主动齿轮与小从动齿轮啮合，又获得一个传动比，即又一个排挡。排挡增加，齿轮对数相应增加，结构也将复杂些。因此，齿轮变速器的排挡数是有限的，各挡传动比之间有一定间隔，又称为有级式变速器。

3）变向原理

图 3.8 所示为变速器变向原理示意图。由于两个齿轮一次啮合，主动轴逆时针旋转，因此从动轴顺时针旋转。

当在主动齿轮和从动齿轮之间加一个中间齿轮时，由于是 3 个齿轮两次啮合，主动轴逆时针旋转，从动轴也逆时针旋转，因此，要使农用拖拉机倒退行驶，只需在传动系统中增加一个倒挡轴改变从动轴的旋转方向即可。

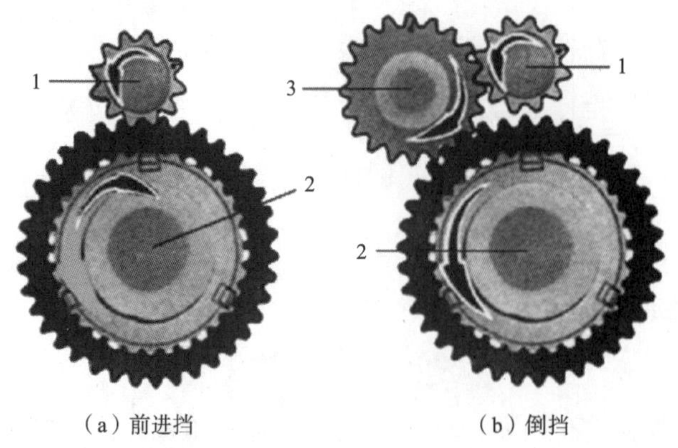

图 3.8　变速器变向原理示意图

1—第 1 轴；
2—第 2 轴；
3—倒挡轴

5. 典型变速器

图 3.9 所示为东风-50 型拖拉机的组成式变速器。

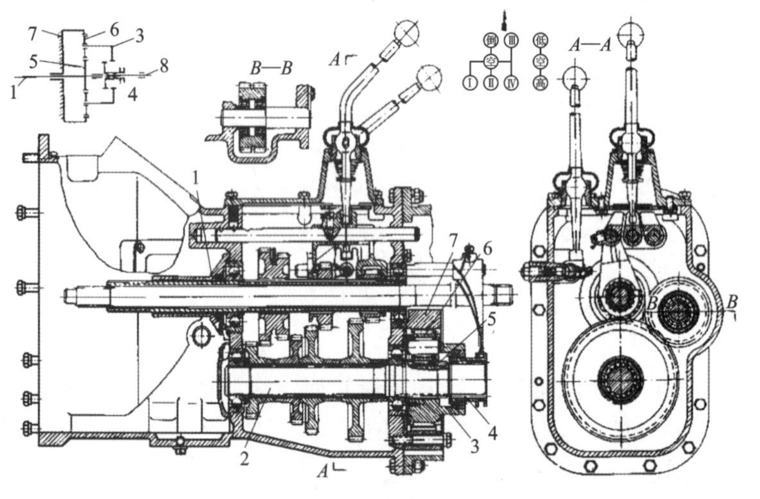

图 3.9　东风-50 型拖拉机的组成式变速器

1—第 1 轴；
2—中间轴；
3—行星架；
4—啮合套；
5—太阳齿轮；
6—行星齿轮；
7—齿圈；
8—第 2 轴

它是一种采用单级行星齿轮机构作副变速器的组合式变速器。副变速行星齿轮机构有高、低两个速挡，主变速器有(4+1)个速挡，因此，可得 2×(4+1)=10 个速挡。副变速器安装在主变速器的后壁上。中间轴 2 既是副变速器的主动轴，又是主变速器的从动轴，与第 2 轴在同一中心线上。

行星齿轮机构包括行星架 3、太阳齿轮 5、行星齿轮 6 及齿圈 7，中间轴的伸出端是太阳齿轮，齿圈固定在器壁上，三个行星齿轮安装在行星架上。向后拨动啮合套 4，使其外齿与行星架的内齿套合。太阳齿轮转动时，行星齿轮沿固定的齿圈滚动，同时带动行星架旋转，行星架的转速低于太阳齿轮的。这时,行星齿轮机构的传动比为 4,是副变速器的低速挡。向前拨动啮合套 4,使其内齿与太阳齿轮的外齿套合,则中间轴与第 2 轴连成一体,动力直接由中间轴传给第 2 轴,行星架空转,这时为高速挡。

任务实施

实施变速器的拆装作业

1. 机械操纵式齿轮变速器的使用与保养

(1) 必须在离合器彻底分离后,进行挂挡、摘挡或换挡。否则,易使齿轮及锁定机构磨损。

(2) 挂倒挡时,应在机车停稳后进行,否则易打齿或挂不上挡。

(3) 挂挡时需预先确定好挡位,扳动变速杆不要过猛,更不允许强行挂挡,否则易使齿轮磨损甚至打坏。

(4) 要掌握好熟练的操纵技术和两脚离合器法等特殊的操作方法;避免传动件受冲击载荷,齿面早期剥落、花键滑动表面挤伤,以致花键折断;避免齿轮端面打伤等技术状态迅速恶化。

(5) 定期更换润滑油和保持正常油面高度,确保传动件的液体润滑和油温正常。

2. 车上拆下变速器总成及变速器总成的拆解

变速器的拆装主要是轴、套、销类零件的拆装,这些零件之间有些是过渡或过盈配合的紧配合。拆装这些零件时,不能生硬敲击,特别是轴承拆装,一般需要用专用工具。

由于大多数轮式拖拉机的变速器与后驱动桥是连成一体的,因此,变速器总成的车上拆卸实际上是变速器/后驱动桥的车上拆卸。

进行车上拆下变速器总成作业前,要做好前期技术资料熟悉、工量具及安全操作准备工作。然后进行相关作业。

(1) 车上拆下变速器总成作业工单见表 3.1。

(2) 变速器总成的拆解作业工单见表 3.2。

思考与练习

(1) 变速器有何功用?

(2) 试述变速器的工作原理。

(3) 试述梭式变速器的基本原理及用途。

任务检查与评价

表 3.1　车上拆下变速器总成作业工单

型号	编号	上次保养日期	行驶时间/h	保养日期

说明：根据拖拉机图册，要先将带前桥的发动机、离合器与变速器分开，在拆卸的过程中也要对其他部分进行有效的固定并保护。

序号	操作内容	操作说明	所需工具
10	拖拉机的固定	对拖拉机相关部位进行固定	
20	断开离合器与后桥	按车上拆下离合器操作进行	专用工具、扳手等
30	拆下相关连接件	① 放掉变速器壳体中的油液。 ② 拆下变速器盖。 ③ 拆下液压升降器。 ④ 取出后桥箱底座。 ⑤ 拆下动力输出轴组件。 ⑥ 拆下最终传动装置和行车制动器。 ⑦ 拆下力位调节控制装置	扳手、千斤顶、专用吊具等
40	将变速器壳体与离合器壳体分离	将吊装链条勾在变速器上，拧下变速器壳体与离合器壳体之间的连接螺钉，将变速器壳体与离合器壳体分开	扳手、千斤顶、专用吊具等
		（表格根据需要添加）	

建议事项：

检查：

(1) 任务准备是否充分；

(2) 任务工单的完成情况；

(3) 对变速器的整体认知情况；

(4) 整理设备和现场；

(5) 优化与创新。

评估：

续表

考评项目	自我评估	组长评估	教师评估	权重分
劳动纪律				5
安全、环境意识				5
任务方案				5
实施过程				15
工量具使用				5
完成情况				15
分工与协作				10
创新思路				10
综合评价				30
合计				100

操作者签名：　　　　组长签名：　　　　教师签名：

表 3.2 变速器总成的拆解作业工单

型号	编号	上次保养日期	行驶时间/h	保养日期
说明:认真阅读本拖拉机图册,准备好相应的工具、量具、专用工具及其他辅助设备。				

序号	操作内容	操作说明	所需工具
10	操纵机构的拆卸	① 拆下变速器盖及主、副操纵杆。 ② 取下自锁螺钉。 ③ 取下各挡拨叉、拨头、圆柱销、拨叉轴及互锁销	扳手、榔头、冲子、捡拾器等
20	副变速中间齿轮轴组件的拆卸	① 抽出动力输出传动轴。 ② 拆去中间轴轴承盖的固定螺栓及垫圈,取下中间轴轴承盖。 ③ 用榔头通过铜棒敲击,拆下中速挡主动齿轮组件。 ④ 取下倒挡主动齿轮和中间齿轮轴隔圈。 ⑤ 用榔头通过铜棒敲击,拆下副变速中间齿轮轴、拆下轴承	榔头、铜棒、专用工具、扳手、扒拉器等
30	第 1 轴组件的拆卸	① 拆去轴承座的固定螺栓及垫圈,用榔头通过铜棒敲击,拆下轴承座组件。 ② 用榔头通过铜棒从右往左敲击,冲出第 1 轴组件并进一步分解。 ③ 用榔头通过铜棒敲击,拆下轴承	榔头、铜棒、专用工具、扳手、扒拉器等
40	倒挡轴组件的拆卸	① 拆去侧盖的固定螺栓,取下侧盖。 ② 用专用螺栓旋入倒挡轴拆卸螺孔中,拉出倒挡轴。 ③ 取下隔圈和倒挡中间齿轮组件	榔头、铜棒、专用工具、扳手、扒拉器等
50	输出轴组件的拆卸	① 拆下输出轴轴承盖。 ② 松开输出轴、拆下轴承。 ③ 取下输出轴组件、取出滚针轴承。 ④ 取下输出轴左端的挡圈,依次取下轴上剩余的零件	榔头、铜棒、专用工具、扳手、扒拉器等

续表

序号	操作内容	操作说明	所需工具
60	第2轴组件的拆卸	① 拆去第2轴轴承盖的固定螺栓，取下第2轴轴承盖。 ② 拆下轴端螺母，取出止动垫圈。 ③ 用榔头通过铜棒敲击第2轴左端，拆下第2轴及轴承，依次取出第2轴上的零件。 ④ 用榔头通过铜棒敲击，拆下轴承	榔头、铜棒、专用工具、扳手、扒拉器等
		（表格根据需要添加）	

建议事项：

检查：
(1) 任务准备是否充分；
(2) 任务工单的完成情况；
(3) 对变速器的整体认知情况；
(4) 整理设备和现场；
(5) 优化与创新。
评估：

考评项目	自我评估	组长评估	教师评估	权重分
劳动纪律				5
安全、环境意识				5
任务方案				5
实施过程				15
工量具使用				5
完成情况				15
分工与协作				10
创新思路				10
综合评价				30
合计				100

操作者签名：　　　　组长签名：　　　　教师签名：

任务 3.2 变速器主要零部件检修

任务目标

(1) 认识变速器主要零部件,并了解其在变速器中的作用。
(2) 能借助检测工具识别变速器主要零部件的质量状况。
(3) 能更换不合格的零件,并使变速器零件达到使用要求。
(4) 树立安全文明生产意识和环境保护意识。
(5) 培养学生的质量意识和诚信意识。

任务准备

变速器上的零部件很多,除了常见的齿轮、轴、箱体以外,主要的功能性部件包括同步器和变速操纵机构等。

1. 同步器

目前,拖拉机上的齿轮变速器换挡啮合方式有 3 种:滑移齿轮式、接合套式和同步器式。

1) 滑移齿轮式换挡装置

采用滑移齿轮换挡时,变速杆通过拨叉移动滑移齿轮,使其轮齿与另一轴上对应的固定齿轮轮齿啮合或脱离来获得此挡位或退出此挡位。这种换挡方式要求进入啮合的两个齿轮圆周速度必须相等,否则,必然导致轮齿受到冲击产生较大噪声,甚至使轮齿严重损坏。对此,往往不得不先切换到空挡后再挂挡。这就要求驾驶员有熟练的操作技巧或采用特殊的操作方法进行换挡,否则很难实现无冲击换挡,特别是由高速挡换低速挡时会更加困难。

2) 接合套式换挡装置

无同步器的五挡变速器中直接挡Ⅳ挡和超速挡Ⅴ挡相互转换的接合套式换挡装置如图 3.10 所示。

接合套式换挡装置通过操纵机构轴向移动套在固连在第 2 轴上的花键毂上的接合套,使其内齿圈与齿轮 5 或齿轮 2 端面上的外接合齿圈啮合,从而获得高速挡或低速挡。

3) 从低速挡Ⅳ挡换入高速挡Ⅴ挡

如图 3.10 所示,变速器在低速挡工作时,接合套 3 与齿轮 2 上的接合齿圈啮合,两者啮合齿的圆周线速度 v_3 等于齿轮 2 圆周线速度 v_2。若从此低速挡换入高速挡,驾驶员应先踩下离合器踏板使离合器分离,再采用变速操纵机构将接合套右移,使其处在空挡位置,当接合套 3 与齿轮 2 上的接合齿圈刚刚脱离啮合时,可认为线速度 v_3 与齿轮 2 线速度 v_2 仍然相

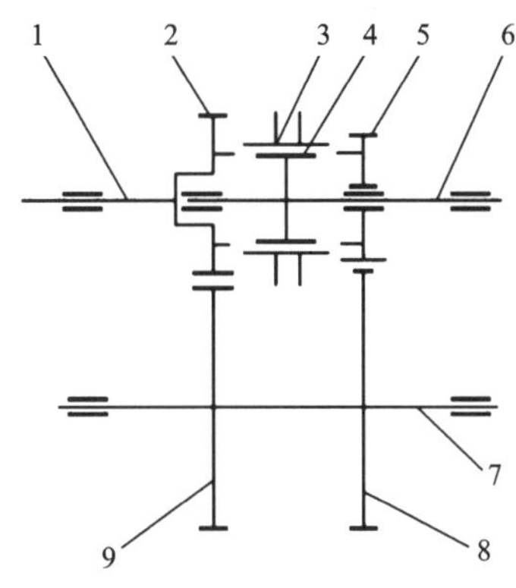

1—第1轴；
2—第1轴常啮合齿轮；
3—接合套；
4—花键毂；
5—第2轴Ⅴ挡齿轮；
6—第2轴；
7—中间轴；
8—中间轴Ⅴ挡齿轮；
9—中间轴常啮合齿轮

图3.10　接合套式换挡装置简图

等。由于齿轮2的转速小于齿轮5的转速，故线速度v_2小于线速度v_5，也就是说在由低速挡换入空挡的瞬间，线速度v_3小于线速度v_5。为不让轮齿受冲击，这时不要立即将接合套向右移至与齿轮5上的接合齿圈啮合而挂上高速挡，也就是说让空挡短时间保留。此时，因离合器分离而中断了动力传递，第1轴及相关传动件转动惯量很小，所以齿轮5的线速度v_5下降较快；接合套通过花键毂和第2轴与整个车辆连在一起，转动惯量很大，所以线速度v_3下降很慢。

如图3.11(a)所示，因线速度v_5和线速度v_3下降速率不等，随着空挡停留时间的推移，线速度v_5和线速度v_3终将在t_0时刻达到相等，此交点即为自然同步状态。此时，如图3.10所示，通过操纵机构将接合套3右移至与齿轮5上的接合齿圈啮合而挂入高速挡，则不会产生轮齿间冲击。因此，由低速挡换入高速挡时，驾驶员把握最佳时机尤为重要。

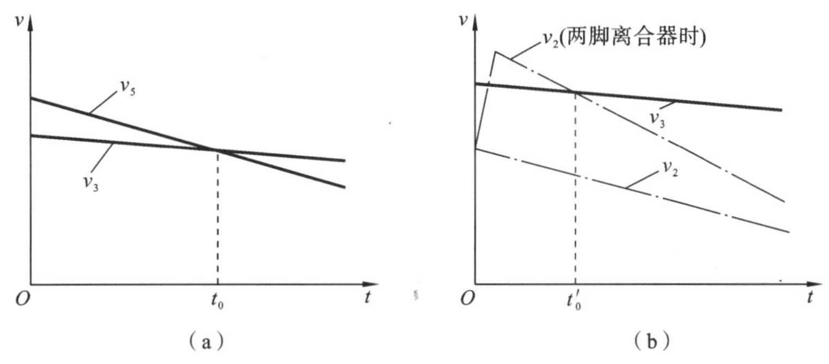

图3.11　变速器换挡过程

4）从高速挡Ⅴ挡换入低速挡Ⅳ挡

如图3.10所示，变速器在高速挡工作时，接合套3与齿轮5上的接合齿圈啮合。参照低速挡换高速挡的分析，无论是高速挡工作时，还是高速挡换入空挡的瞬间，接合套3与齿轮5上的接合齿圈的圆周线速度均相等，即圆周线速度v_3等于圆周线速度v_5。又因为线速度v_5大于线速度v_2，所以线速度v_3大于线速度v_2，如图3.11(b)所示。此时，同样不宜立刻由空挡换入低速挡。但在空挡停留时，由于线速度v_2下降得比线速度v_3快，不可能出现线速度v_3等于线速度v_2的情况，且空挡停留时间越长，线速度v_3与线速度v_2的差距越大，根本不可能达到自然同步状态，表明在任何时刻换挡都会产生冲击。对此，驾驶员应采用两脚离合器的换挡步骤，即第一次踩下离合器踏板，切断发动机动力，将高速挡换入空挡；接着松开离合器踏板，接合动力并踩油门加油，使发动机转速提高时，齿轮 2 及其接合齿圈的转速得以相应提高，直至线速度 v_2 大于线速度 v_3。至此再踩下离合器踏板切断动力，迫使圆周线速度 v_2 迅速下降直至等于 v_3，与此对应的时刻 t'_0 即由空挡换入低速挡的最佳时机。

受驾驶经验及诸多其他因素的影响，应在很短的时间内准确迅速地操作上述步骤，完成换挡。要完成上述步骤，要靠相当熟练的操作技能，实际工作中不可能做到完全无冲击换挡。因此，变速器采用同步器换挡或常用挡位采用同步器换挡已成为广泛应用的技术。

5）同步器的组成及工作原理

同步器是接合套换挡装置的升级，基本结构包括接合套、花键毂及对应齿轮上的接合齿圈等接合装置，增加了推动件、摩擦件等组成的同步装置和锁止装置。

由接合套的工作过程可知，当接合套与接合齿圈的圆周速度不等时，两者不能进入啮合。因此，同步器的功用可以概括为两点：一是促使接合套与接合齿圈尽快达到同步，缩短变速器换挡时间；二是接合套与接合齿圈尚未达到同步时，锁住接合套，使其不能与接合齿圈进入啮合，防止齿间冲击。

常见的同步器可分为惯性式、常压式和自行增力式等多种类型。目前，拖拉机变速器中应用最广泛的是锁环式惯性同步器。

锁环式惯性同步器主要结构如图 3.12 所示。该同步器主要由锁环同步器 4 和 8、滑块 5、定位销 6、接合套 7、花键毂 15 及弹簧 16 等组成。

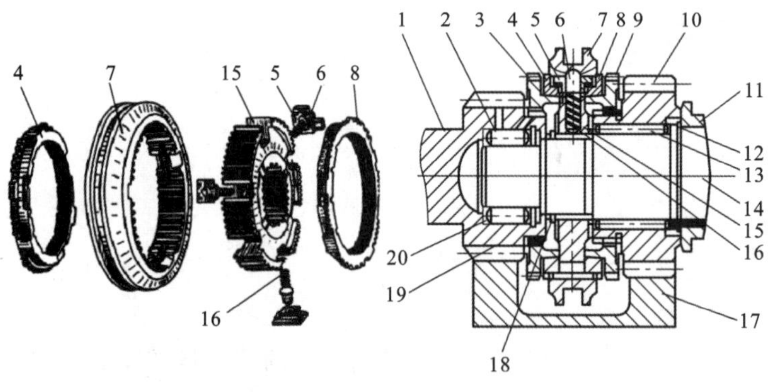

图 3.12　锁环式惯性同步器主要结构

1—第 1 轴；
2,13—Ⅵ挡接合齿圈；
3—Ⅵ挡接合齿圈；
4,8—锁环同步器；
5—滑块；
6—定位销；
7—接合套；
9—Ⅴ挡接合齿圈；
10—第 2 轴Ⅴ挡齿轮；
11—衬套；
12,18,19—卡环；
14—第 2 轴；
15—花键毂；
16—弹簧；
17—中间轴Ⅴ挡齿轮；
20—挡圈

花键毂套装在第 2 轴的外花键上并用卡环 18 轴向定位，两个锁环分别安装在花键毂的两端及Ⅴ挡接合齿圈 9 和Ⅵ挡接合齿圈 3 之间。接合齿圈端部外锥面与锁环内锥面保持接触，在锁环内锥面上加工了细密的螺纹槽，以使配合锥面间的润滑油膜破坏，从而提高锥面摩擦系数，增加配合锥面间的摩擦力。锁环外缘上有非连续的花键齿，其齿的断面形状和尺寸与接合齿圈、花键毂外缘上花键齿的均相同，并且接合齿圈和锁环上的花键齿与接合套面对的一端均有锁止倒角，该倒角与接合套内花键齿端倒角一样。锁环端部沿圆周均布着三个凸起和三个缺口。在花键毂外缘上均布的三个轴向槽中，有可沿槽移动的三个滑块。滑块中部的通孔中定位销在压缩弹簧的作用下，将定位销推向接合套，使其球头部分嵌入接合套内缘的凹槽中，并保证在空挡时接合套处于正中位置。当滑块两端伸入锁环缺口中，锁环上的凸起再伸入花键毂上的通槽中，凸起沿圆周方向的宽度小于通槽的宽度，凸起正好位于通槽的中央位置时，接合套的齿才有可能与锁环的齿进入啮合。

2. 变速操纵机构

传统齿轮式变速器中的操纵机构主要是用来操纵滑动齿轮，使其与有关齿轮分离或啮合的。一套功能完备的操纵机构应能满足下列基本要求。

(1) 不啮合的齿轮可靠地止动。

(2) 两齿轮啮合达到齿的全长，并可靠地止动。

(3) 不能同时啮入两个挡。

(4) 能避免意外地挂上倒挡。

(5) 啮合时轮齿间应避免撞击。

3.2　主变速拨叉轴拆卸

变速操纵机构保证操作者根据使用需要，将变速器换入所需的挡位。变速操纵机构多为机械式，可分为直接操纵式和远距离操纵式两类。变速器的操纵机构一般由换挡机构、锁定机构、互锁机构、连锁机构及倒挡锁等组成。

1）直接操纵式变速操纵机构

直接操纵式变速操纵机构布置在驾驶员座位附近，多装在上盖或变速器侧面，结构简单、操纵方便，驾驶员换挡手感明显。这种操纵机构由变速杆、拨叉轴、拨叉、拨块及锁止装置等组成，如图 3.13 所示。

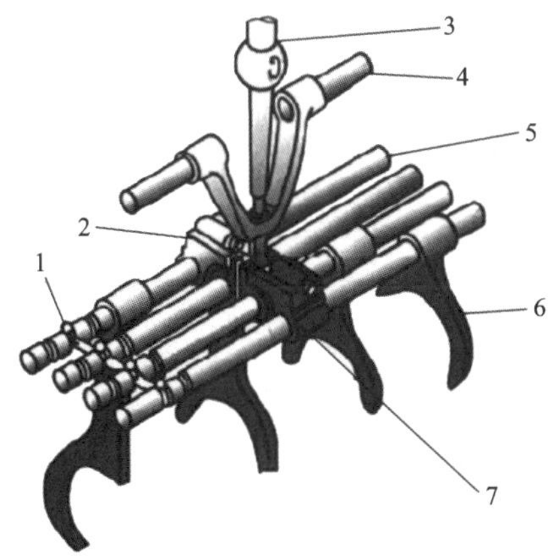

1—自锁装置；
2—倒挡装置；
3—变速杆；
4—换挡轴；
5—拨叉轴；
6—拨叉；
7—拨块

图 3.13　直接操纵式操纵机构结构图

变速杆球节支承于变速器盖顶部的球座内，球节上面用压紧弹簧压紧以消除间隙，球节上开有竖槽，固定在变速器盖的销钉伸入该槽内滑动配合，变速杆只能以球节为支点前后左右摆动且不能转动。变速杆下端球头带动叉形拨杆绕换挡轴的轴线转动，叉形拨杆下端球头对准某一拨块的竖槽，然后纵向移动，带动拨叉轴及拨叉向前或向后移动，可实现换挡。拨块及拨叉都以弹性销固装在相应的拨叉轴上，拨叉轴两端支承于变速器盖相应孔中，可轴向移动。

叉形拨杆下端球头装在拨块的凹槽中，当变速杆带动叉形拨杆向前或向后移动时，拨块带动拨叉轴和拨叉就向前或向后移动，可换入所需的挡位。

为使操纵机构安全可靠地工作，设有锁止装置，其包括自锁装置、互锁装置和倒挡锁装置。

(1) 自锁装置。

自锁装置防止变速器自动换挡和自动脱挡。多数变速器的自锁装置由自锁钢球和自锁弹簧等组成，如图 3.14 所示。

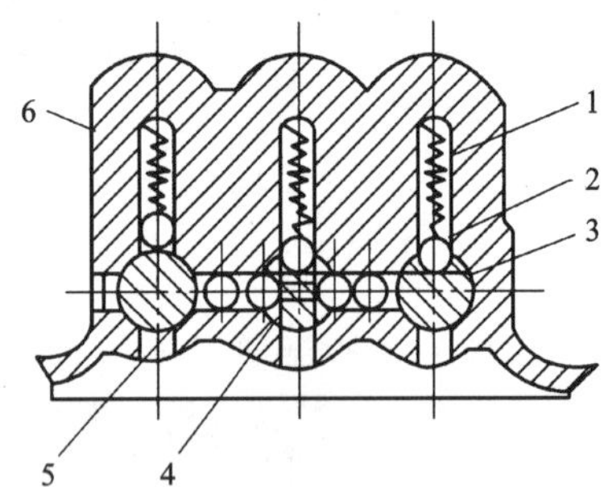

1—自锁弹簧；
2—自锁钢球；
3—拨叉轴；
4—顶销；
5—互锁钢球；
6—变速器盖

图 3.14 操纵机构自锁装置

在变速器盖前端凸起部位钻有三个深孔，位于三根拨叉轴的上方。每根拨叉轴对着自锁钢球的一面有三个凹槽，槽的深度小于钢球半径，中间的凹槽是空挡定位，中间凹槽到两侧凹槽的距离等于滑动齿轮或接合套由空挡换入相应挡位的距离，保证全齿啮合。自锁钢球被自锁弹簧压入拨叉轴的相应凹槽内起到锁止挡位的作用，防止自动脱挡和自动换挡。换挡时，施加于拨叉轴上的轴向力克服自锁钢球与自锁弹簧的自锁力时，自锁钢球便克服自锁弹簧的预压力升起，拨叉轴移动，当钢球与另一凹槽处对正时，钢球又会被压入凹槽内。

(2) 互锁装置。

互锁装置保证变速器不会同时换入两个挡，避免产生运动干涉。互锁装置有锁销式和锁球式两种类型，常用的是锁球式，如图 3.15 所示。

在三根拨叉轴所处的平面且垂直于拨叉轴的横向孔道内，装有互锁钢球。互锁钢球对着每根拨叉轴的侧面上都制有一个深度相等的凹槽。中间拨叉轴的两侧各有一个凹槽，任一拨叉轴处于空挡位置时，其侧面凹槽正好对准互锁钢球。两个钢球直径之和等于一个凹槽的深度加上相邻两拨叉轴圆柱表面之间的距离。中间拨叉轴上两个侧面之间有通孔，孔中有一根横向移动的顶销，顶销的长度等于拨叉轴的直径减去一个凹槽的深度。

当变速器处于空挡位置时，所有拨叉轴的侧面凹槽同钢球、顶销都在同一直线上。在移动中间拨叉轴2时(见图3.15(a)),拨叉轴2两侧的钢球从其侧面凹槽中被挤出,两侧面外钢球分别嵌入拨叉轴1和3的侧面凹槽中,将拨叉轴1和3锁止在空挡位置。若要移动拨叉轴3(见图3.15(b)),必须先将拨叉轴2退回至空挡位置,拨叉轴3移动时钢球4从凹槽被挤出,通过顶销5推动另一侧两个钢球移动,拨叉轴1和2均被锁止在空挡位置上。拨叉轴1工作情况与上述相同,如图3.15(c)所示。

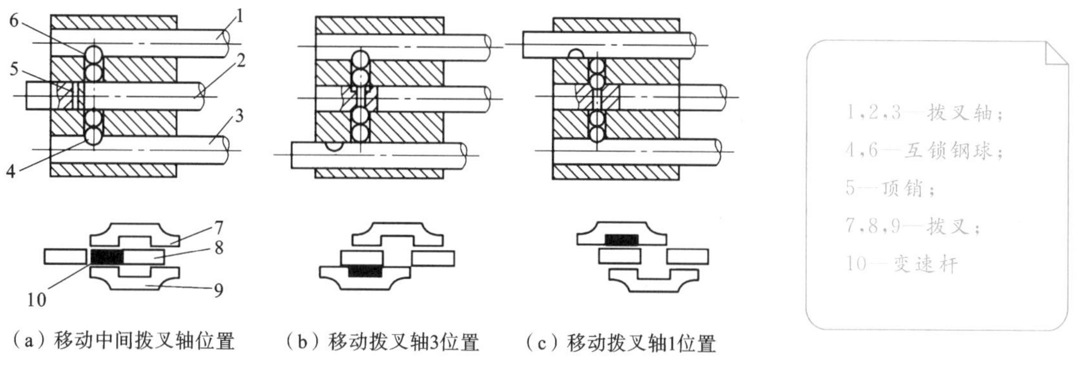

1,2,3—拨叉轴;
4,6—互锁钢球;
5—顶销;
7,8,9—拨叉;
10—变速杆

图3.15　锁球式互锁装置互锁原理图

由上述互锁装置工作情况可知,当一根拨叉轴移动时,另外的拨叉轴均被锁止。锁销式互锁装置用一个锁销代替上述两个互锁钢球。当某一拨叉轴移动时,锁销锁止与之相邻的拨叉轴,即可防止同时换入两个挡。

Ⅲ挡变速操纵机构有两根拨叉轴,将自锁和互锁装置合二为一,如图3.16所示。

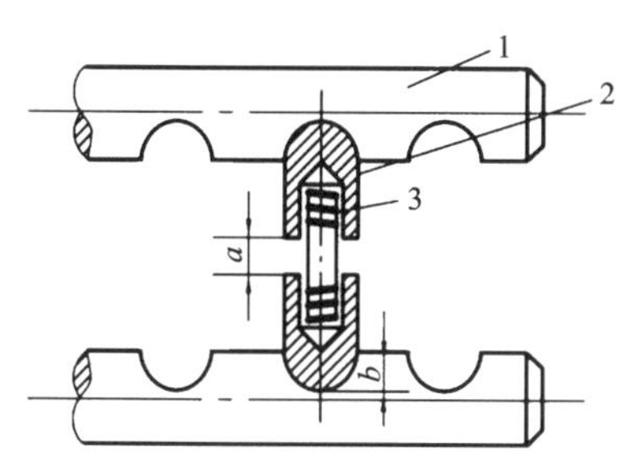

1—拨叉轴;
2—空心锁销;
3—自锁弹簧

图3.16　两轴式变速器锁止装置

两根空心锁销内装有自锁弹簧,在图3.16所示位置时是空挡位置,两锁销内端面的距离 a 等于槽深 b,使之不可能同时拨动两根拨叉轴。自锁弹簧的预压力和空心锁销对拨叉轴起到自锁作用。

不论采用哪种互锁装置,其工作原理都是每次只能移动一根拨叉轴,其余拨叉轴均在空挡位置不动。

(3) 倒挡锁装置。

倒挡锁提醒驾驶员防止误挂倒挡,提高安全性。必须对变速杆施加较大的力,才能挂入倒挡。设有倒挡锁,可防止误换倒挡,避免损坏零件或发生安全事故。多数汽车变速器采用结构简单的弹簧锁销式倒挡锁,如图3.17所示。

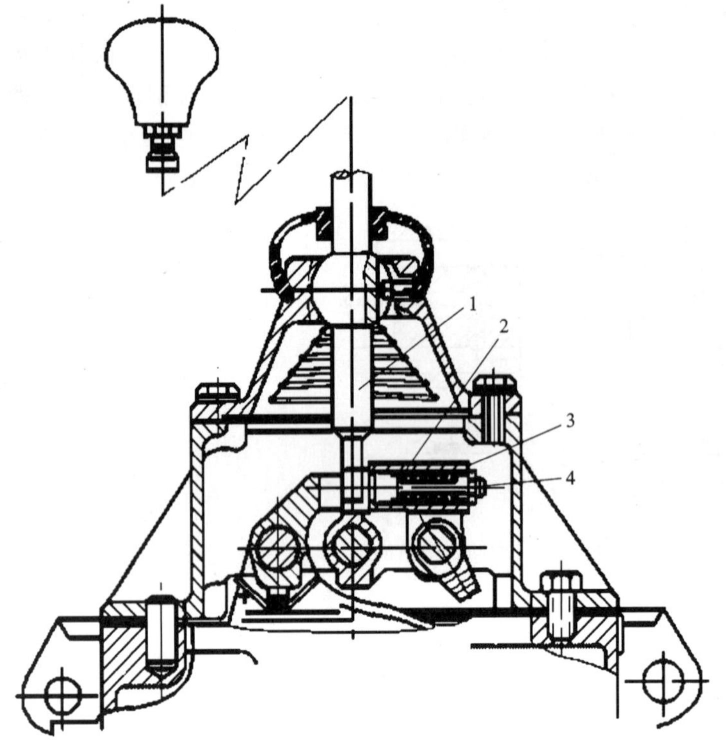

1—变速杆；
2—倒挡拨块；
3—弹簧；
4—锁销

图 3.17　弹簧锁销式倒挡锁

2）远距离操纵式变速操纵机构

有些轿车和轻型货车将变速杆布置在转向盘下方的转向管柱上或距变速器较远，它们便不能直接用变速杆拨动拨叉换挡，而必须通过机械杆件做远距离操纵。通常在变速杆与拨块之间增加若干传动件，组成远距离操纵式变速操纵机构。图 3.18 所示为较简单的一种，其变速杆 2 在驾驶员侧旁穿过驾驶室底板安装在车架上，中间通过传动杆 4 来操纵变速器实现换挡。

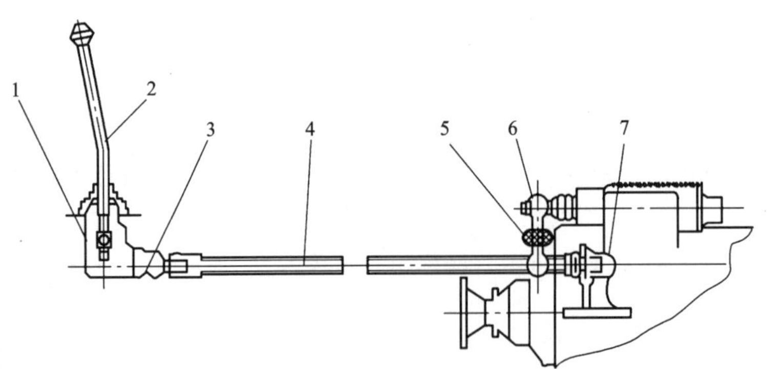

1—变速杆支架；
2—变速杆；
3，4—传动杆；
5—球头拨杆；
6—球窝拨杆；
7—传动杆支座

图 3.18　远距离操纵式操纵机构结构图

任务实施

实施变速器主要零部件调整与检修作业

故障变速器在分解总成后要检查每个零件，以确定零件是否已经失效。这样做是为了确定在重装变速器前哪些零件需要进行修复或更换。

进行变速器主要零部件调整与检修作业前，要做好前期技术资料熟悉、工量具及安全操作准备工作，然后进行相关作业。

根据相关拖拉机图册，将拖拉机变速器总成进行分解及组装。分解变速器后，要对其零件进行清洗、检验，确定其技术状况。对技术状况差的零件进行修复或更换，以保证装复后变速器的质量和性能。

表3.3所示为拖拉机变速器主要零部件调整与检修作业工单。

思考与练习

(1) 变速器的组成部件有哪些，它们之间的装配关系是怎么样的？

(2) 变速器的换挡方式有哪些？请画图说明。

(3) 变速操纵机构中的安全装置有哪些？各有何作用？

(4) 拖拉机的变速操纵换挡啮合方式有哪些？各有什么特点。

(5) 画出锁环式惯性同步器的结构简图，并说明其工作过程。

任务检查与评价

表 3.3　拖拉机变速器主要零部件调整与检修作业工单

型号	编号	上次保养日期	行驶时间/h	保养日期
说明：认真阅读本拖拉机图册，准备好相应的工具、量具、专用工具及其他辅助设备。				

序号	操作内容	操作说明	所需工具
10	变速器壳与盖检修	① 用目测法或敲击法检查变速器壳与盖的裂纹。 ② 用平板将两者靠合在一起，用厚薄规检查变速器壳与盖的变形。 ③ 检查变速器壳轴承孔的磨损情况。 ④ 检查变速器盖经常磨损部位、变速杆球节座及变速叉轴轴孔	厚薄规、榔头等
20	变速器轴弯曲的检查	将输出轴放在 V 形铁上，一面转动输出轴，一面用百分表测量输出轴的圆跳度，其圆跳度标准值为 0.02 mm，使用极限为 0.05 mm。超过使用极限时，应更换	V 形铁、百分表
30	变速器齿轮检修	① 变速器齿轮的损坏主要是齿面磨损成阶梯形，齿面拉伤、剥落、烧蚀及有锈蚀、斑点，齿长磨损变短，齿有裂纹、打坏等。 ② 若齿面有轻微锈蚀或斑点，在不影响质量的情况下，可用油石修磨后继续使用。齿轮有裂纹、打坏及齿面疲劳脱落时应更换齿轮。 ③ 齿面斑点超过齿面的 15%以上时，也应更换齿轮	
40	变速器齿轮啮合侧隙的检查	① 输出轴与输入轴按标准中心距安装后，固定住一个轴上的固定齿轮，转动另一个轴上的被测齿轮，用百分表测量转动齿轮的摆动量，即两齿轮的啮合侧隙。 ② 超过极限时应更换齿轮，注意应成对更换	专用工具、百分表等

续表

序号	操作内容	操作说明	所需工具
50	操纵杆系的检修	① 操纵杆系弯曲变形，可校正修复。 ② 如果操纵杆系运动时发卡，横杆轴与锁紧螺栓及锁紧钢丝不能锁紧，则应更换操纵杆系或钢丝；杆轴与衬套磨损，应更换衬套	榔头、铜棒、专用工具、扳手等
60	变速拨叉轴的检修	① 变速拨叉轴弯曲，应更换或进行冷压校正。 ② 锁销、定位球及凹槽磨损，定位弹簧变软或折断，均应更换。 ③ 检查变速拨叉轴定位凹槽处的磨损，若磨损严重，应更换变速拨叉轴	榔头、铜棒、专用工具、扳手等
		（表格根据需要添加）	

建议事项：

检查：
(1) 任务准备是否充分；
(2) 任务工单的完成情况；
(3) 对变速器组件的认知情况；
(4) 整理设备和现场；
(5) 优化与创新。
评估：

考评项目	自我评估	组长评估	教师评估	权重分
劳动纪律				5
安全、环境意识				5
任务方案				5
实施过程				15
工量具使用				5
完成情况				15
分工与协作				10
创新思路				10
综合评价				30
合计				100

操作者签名：　　　　组长签名：　　　　教师签名：

任务3.3　变速器故障诊断与排除

3.3　变速器虚拟拆卸

任务目标

(1) 了解拖拉机变速器常见故障现象。

(2) 能分析拖拉机变速器常见故障的产生原因。

(3) 能正确、有效地排除拖拉机变速器常见故障。

(4) 树立安全文明生产意识和环境保护意识。

(5) 培养学生的综合应用能力和团队协作意识。

任务准备

变速器是拖拉机动力传动系统中的重要部件之一。拖拉机变速器在工作时,变速器内零件的相对运动非常频繁,零件本身也承受着各种力的作用,因此,变速器也是一种易发病的总成。在检修这类故障时,如果大范围拆装会破坏磨合好的配合关系,加剧配合件的磨损;如果拆装次数过多会造成轴承无法在变速器壳体上固定,使变速器壳体提前报废。为此,在检修前应先进行故障分析,再进行检查、诊断,把引起故障的原因压缩至最小范围内,然后有针对性地进行检修或排除。

目前,轮式拖拉机变速器多采用齿轮式变速器。常见的变速器故障有挂挡困难或挂不上挡、自动脱挡、乱挡、变速器声音异常以及变速器漏油、缺油、发热。

1. 挂挡困难或挂不上挡

拖拉机在行驶过程中,如果挂挡困难或挂不上挡会严重影响操作,并且如果出现挂挡困难或挂不上挡,说明变速器及其相关零部件出现了质量问题,应及时进行诊断检查,排除故障,避免事故的发生。

1) 故障现象

将离合器踏板踩到底,操纵主变速杆挂挡时,挂不上挡,或挂挡感到很吃力。放松离合器踏板后,再将离合器踏板踩到底,挂挡时有轮齿碰撞声,甚至不能挂上挡。

2) 诊断方法

将拖拉机停在平地上,踩下离合器踏板,扳动变速杆进行挂挡动作,感受无载时挂挡是否顺畅、卡滞等。若没有问题,再发动拖拉机重新进行挂挡诊断。

3) 故障分析

导致挂挡困难或挂不上挡的故障原因很多,主要可能有以下一些情况。

（1）拨叉磨损变形或固定螺栓松动。

（2）拨叉轴定位槽和锁定销或钢球磨损，表面产生台阶，以致换挡时受阻、卡滞。锁定销不能从定位槽中滑出，引起挂不上挡或挂挡困难。

（3）拨叉轴弯曲、变形，移动时阻力过大或被卡住，难以挂上挡或挂不上挡。

（4）离合器分离不彻底，不能切断发动机动力传动，使齿轮副难以啮合。

（5）花键轴磨损产生台阶或毛刺，花键齿槽内有脏物，致使滑动齿轮移动阻力增大，不易挂挡。

（6）齿轮齿面磨损、剥落或有裂口；齿端有塌边、崩齿，或轮齿倒角变形、损伤，使齿轮副难以啮合。

（7）自锁、互锁、连锁装置装配或调整不当。变速连锁拉杆过长，也会产生挂挡困难或挂不上挡故障。

（8）自锁弹簧弹力过大，或定位销卡滞、锈住，致使拨叉轴移动困难，不易挂挡。

（9）拖拉机变速器中采用同步器，同步器中弹簧片损坏或弹力不均；同步器环、从动轴、隔套磨损严重，使故障挡的齿轮与啮合套不同心；拨叉及啮合套拨叉环槽磨损严重，这些都可能导致挂挡有卡滞或挂不上挡。

（10）当飞轮上的轴承损坏时，踩下离合器踏板，主离合器片虽与前压盘和飞轮间有了间隙，但轴承却带着主离合器轴旋转，造成挂挡困难。

2. 自动脱挡

拖拉机在行驶中，变速杆自动跳回空挡，变速器内滑动齿轮自动脱离啮合位置，使动力传递中断，导致拖拉机不能前进，这种现象称为自动脱挡。

1）故障现象

拖拉机在行驶中，变速杆在未受外力作用下，自动跳回空挡，变速器内滑动齿轮自动脱离啮合位置。

2）故障分析

自动脱挡可能的故障原因有很多，主要有三个方面：零部件在使用中磨损与损坏、修理配件质量或装配质量差、产品零件设计不合理。

（1）零部件在使用中磨损与损坏。

① 锁定弹簧过弱或折断，V形定位槽、锁定钢球或锁定销头部的磨损，锁定钢球卡死在弹簧槽内，造成锁紧力不足，影响锁定销的定位作用，会使拨叉轴轴向窜动。当拖拉机在负荷交变或振动时会发生自动脱挡故障。

② 拨叉弯曲变形，影响滑动齿轮的垂直度，或拨叉及齿轮凸缘凹槽磨损松旷，使齿轮啮合不到位，将促使自动脱挡的可能性加大。

③ 拨叉与拨叉轴的固定螺钉松脱，使拨叉在拨叉轴上松动，滑动齿轮失去控制；拨叉和拨叉槽偏磨或磨损严重，使滑动齿轮轴向窜动间隙过大，都容易引起自动脱挡。

④ 齿轮啮合面不均匀磨损，齿面磨损成锥形或阶梯形，工作时产生一个轴向分力，使相啮合的齿轮有沿轴线方向退出的倾向，因而易自动脱挡。

⑤ 轴、轴承严重磨损，使齿轮轴倾斜或弯曲变形，挂挡齿轮啮合时产生轴向推力；花键轴变形，轴的弯曲刚度不足，引起花键轴倾斜。

⑥ 挂挡时，变速杆没有挂到底，锁定机构不能可靠地锁定，由于振动等原因导致自动脱挡。

(2) 修理配件质量或装配质量差。

拨叉接触平面与齿轮轴线不垂直、齿轮加工形位精度不高、花键配合径向间隙太大、轴的安装误差及轴变形、变速器壳体变形而影响两轴的平行度、拨叉轴与齿轮中轴线不平行等，都可能造成齿轮偏斜和轴倾斜，使齿轮在传动中产生轴向分力，当轴向分力大于锁紧力时，滑动齿轮被迫移动而自动脱挡。

(3) 产品零件设计不合理。

① 变速连锁拉杆过短，也会自动脱挡。

② 拖拉机变速器中采用同步器，同步器弹簧片弹力过弱，弹簧座凸缘磨损严重，使同步器啮合套不能定位；啮合套和从动齿轮的啮合齿偏磨严重，使啮合齿之间产生轴向推力；从动齿轮毂端面磨损严重，使其产生过大的轴向窜动量；同步器隔套磨损严重，增大其配合间隙，使从动齿轮径向振动。这些都可能促使变速器产生自动脱挡故障。

3. 乱挡

1）故障现象

拖拉机乱挡又称挂双挡，就是变速器内挡位错乱，或有两对齿轮副同时啮合，造成拖拉机既不能前进，又不能后退，使柴油机严重冒黑烟，甚至自行熄火。

2）故障分析

造成乱挡故障的主要原因如下。

(1) 变速杆定位销松旷、损坏或球头严重磨损，增加交速杆的摆动量，进而造成位置不正确，挂挡时容易使变速杆下端工作面越出拨叉导块上的槽，换成另一个挡位。这样前一个挡位还没有脱开，另一挡位又挂上，导致挂上两个挡位。

(2) 主变速杆和变速拉杆呈上下弯曲变形状态，拉杆下端滑出拨叉导块上的槽，挂挡时可同时拨动两只拨叉，造成挂上双挡。

(3) 拨叉导块上的槽或变速杆下端工作面过度磨损，容易使变速杆下端工作面从导块间的缝隙中脱出，引起乱挡。

(4) 如上海-50 型拖拉机变速器，由于挂挡用力过猛，使变速轴后端的行程限止片损坏(弯曲或断裂)，造成变速轴前后移动时不能正确挂挡，因此发生乱挡。

(5) 当变速杆导板缺口磨损时，换挡中将两拨叉轴同时拨动，造成乱挡。由于拨叉导块凹槽和变速杆下端工作面磨损，换挡时操纵过快，变速杆从拨叉导块凹槽跳出而换成另一挡，这样就导致前挡齿轮没拨离，另一挡又挂上而乱挡。如福田欧豹 80 系列拖拉机，变速杆导板槽磨损严重，就容易乱挡。

(6) 互锁机构失效。

(7) 齿轮内花键和花键轴磨损过甚、齿轮定位挡圈脱落、定位钢球卡在拨叉定位弹簧内等,导致变速齿轮向一侧自动滑移而造成自动挂挡。

4. 变速器声音异常

1）故障现象

变速器在运行过程中发出各种不同的不正常的声音。

2）故障分析

变速器声音异常故障的主要原因如下。

(1) 变速器第1轴轴承响。其原因是轴承磨损严重,径向间隙过大或轴承外圈松旷。

(2) 齿轮啮合产生噪声。其原因是:齿轮齿面磨损后,轮齿啮合间隙变大;齿轮齿面剥落,使齿轮啮合不良;在修理时,啮合齿轮不是成对更换。

(3) 花键轴花键部分和齿轮花键槽磨损,间隙过大。

(4) 个别轮齿折断或有脏物嵌入。

(5) 变速器内缺少齿轮油。

(6) 拨叉变形刮碰齿轮,或者拨叉与接合套拨叉槽碰擦。

(7) 齿轮与轴的连接处滚键或键槽松动。

5. 变速器漏油、缺油、发热

1）故障现象

变速器漏油、缺油、发热主要表现为:变速器加足油后,油面很快降低,并因缺油而过度发热。

2）故障分析

变速器漏油、缺油、发热故障产生的主要原因如下。

(1) 油封损坏老化或唇口自紧弹簧弹力不足,或者轴颈上的油封位已经磨损严重,如变速器输入轴油封失效。

(2) 接合面不平整或衬垫失效,如变速器输入轴轴承座处漏油。

(3) 放油螺塞松动或固定螺钉、连接螺栓松动。

(4) 齿轮油不合规格、太脏,引起变速器过热,温度可达到90 ℃以上。

(5) 齿轮油油面过高,搅油发热;齿轮油油面过低,润滑不良而发热。

(6) 轴承装配时预紧度过大。

任务实施

实施变速器常见故障诊断与排除作业

进行变速器常见故障诊断与排除作业前,要做好前期技术资料熟悉、工量具及安全操作准备工作,然后进行相关作业。

变速器挂挡困难或挂不上挡故障诊断与排除作业工单见表3.4。

思考与练习

(1) 请分析拖拉机自动脱挡的故障原因及排除方法。

(2) 请简要编写图 3.9 所示变速器的主要拆装步骤。

(3) 变速操纵机构在装配过程中忘装高、低速挡互锁销会造成什么后果?

项目 3　习题

任务检查与评价

表3.4　变速器挂挡困难或挂不上挡故障诊断与排除作业工单

型号	编号	上次保养日期	行驶时间/h	保养日期
说明：认真阅读本拖拉机图册，准备好相应的工具、量具、专用工具及其他辅助设备。				

序号	操作内容	操作说明	所需工具
10	离合器自由行程检查	按离合器自由行程及间隙的检查与调整进行	塞尺、扳手
20	齿轮齿面磨损检查	检查齿轮齿端有塌边、崩齿，或轮齿倒角变形、损伤等	目测
30	花键轴检查	检查花键轴是否磨损产生台阶或毛刺等	
40	操纵机构检查	① 检查拨叉是否严重变形或松动。 ② 拨叉轴是否弯曲、变形。 ③ 检查拨叉轴定位槽锁定销是否磨损。 ④ 检查自锁弹簧弹力是否过大，自锁销、互锁销是否卡阻	百分表、V形铁、平板
50	检查同步器	检测同步器零件是否磨损或损坏	
		（表格根据需要添加）	
建议事项：			

检查：

(1) 任务准备是否充分；

(2) 任务工单的完成情况；

(3) 对变速器故障的认知情况；

(4) 整理设备和现场；

(5) 优化与创新。

评估：

续表

考评项目	自我评估	组长评估	教师评估	权重分
劳动纪律				5
安全、环境意识				5
任务方案				5
实施过程				15
工量具使用				5
完成情况				15
分工与协作				10
创新思路				10
综合评价				30
合计				100

操作者签名：　　　　组长签名：　　　　教师签名：

项目 4

驱动桥的拆装与维修

项目描述

驱动桥是拖拉机传动系统最后一个总成，由中央传动、差速器、半轴及驱动桥壳等构成。拖拉机的驱动桥是变速器与驱动轮之间除联轴器及传动轴以外的所有传动部件和壳体的总称。拖拉机驱动桥有前驱动桥和后驱动桥两种。后驱动桥为主驱动桥，前驱动桥为辅驱动桥。工作时，驱动桥内零件运动非常频繁，驱动桥也是一种易发病的总成。本项目重点进行驱动桥的拆装、主要零件的检修及驱动桥差速器漏油、驱动桥内有噪声以及中央传动过热等驱动桥常见故障的诊断与排除作业。

项目任务

(1) 后驱动桥的拆装与维护。
(2) 前驱动桥的拆装与维护。
(3) 驱动桥故障诊断与排除。

项目目标

(1) 能描述驱动桥的用途及工作原理。
(2) 能选择适当的工具拆装拖拉机驱动桥。
(3) 能有效地对驱动桥零部件进行检修。
(4) 会诊断和排除拖拉机驱动桥故障。
(5) 培养学生的责任担当和创新精神。
(6) 培养学生遵守操作工艺规范的意识。
(7) 锻炼学生具体问题具体分析并解决实际问题的能力。

任务 4.1　后驱动桥的拆装与维护

任务目标

(1) 了解后驱动桥的基本功用、类型、组成及工作原理。

(2) 了解典型拖拉机后驱动桥的结构。

(3) 能选用适当工具对拖拉机后驱动桥进行拆装及维护。

(4) 培养学生严谨务实的工匠精神。

(5) 培养学生的责任担当和创新精神。

任务准备

拖拉机的驱动桥是变速器与驱动轮之间除联轴器及传动轴以外的所有传动部件和壳体的总称。驱动桥是车辆传动系统最后一个总成，由主减速器、差速器、半轴及驱动桥壳等构成。拖拉机的后驱动桥一般称为后桥，通常与变速器连为一体，是拖拉机底盘总成中非常重要的组成之一。拖拉机的主减速器称为中央传动，有些拖拉机半轴与驱动轮之间设有减速器，其称为最终传动。

1. 驱动桥的功用

驱动桥的主要功用如下：一是将发动机转矩通过中央传动、差速器、半轴等传给驱动轮，实现减速增矩；二是通过中央传动改变转矩传递方向，使其与车辆行走方向相同；三是通过差速器保证内、外侧车轮以不同转速实现车辆的转向，满足车辆行驶需要。

拖拉机驱动桥与其他车辆驱动桥相比有以下不同。

(1) 拖拉机驱动桥与变速器壳体间采用螺栓连接，形成一个刚性的整体。

(2) 轮式拖拉机驱动桥通常在差速器后还有最终传动，能进一步降低驱动轮转速、增大驱动力，并提高离地间隙。

(3) 变速器与驱动桥之间没有传动轴，驱动桥与车架之间没有单独的悬架系统。

(4) 拖拉机驱动桥上设置农具牵引、悬挂等动力输出与控制装置。

2. 驱动桥的类型

拖拉机发动机的转矩经变速装置，最后传送到驱动桥内的中央传动及差速器，再由差速器分配给左右半轴驱动车轮。在这条动力传递链上，驱动桥的主要部件是中央传动和差速器。中央传动将发动机传来的动力通过降低转速、增加扭矩和改变扭矩的传递方向来适应车辆的行驶要求。差速器使左右车轮可以不同转速旋转，满足拖拉机转弯及在不平路面上行驶的需求。半轴将转矩从差速器传至驱动轮。桥壳用以支承车辆的部分质量，并承受驱动轮上的各种作用力，同时它又是中央传动、差速器等传动装置的外壳。

图4.1所示为轮式拖拉机后桥结构简图。轮式拖拉机后桥一般为有最终传动后桥，可分为内置式和外置式两种。

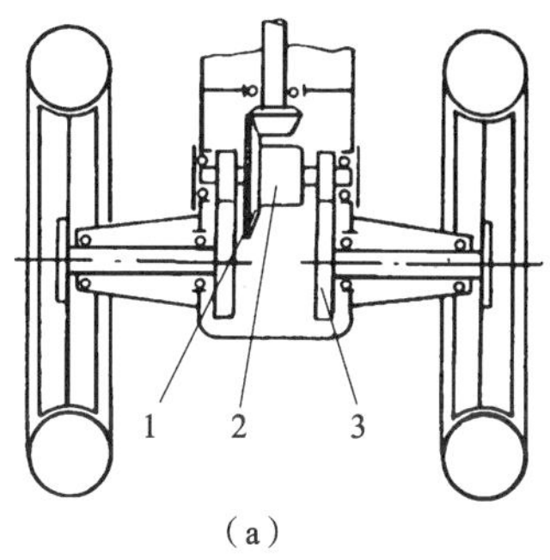

(a)

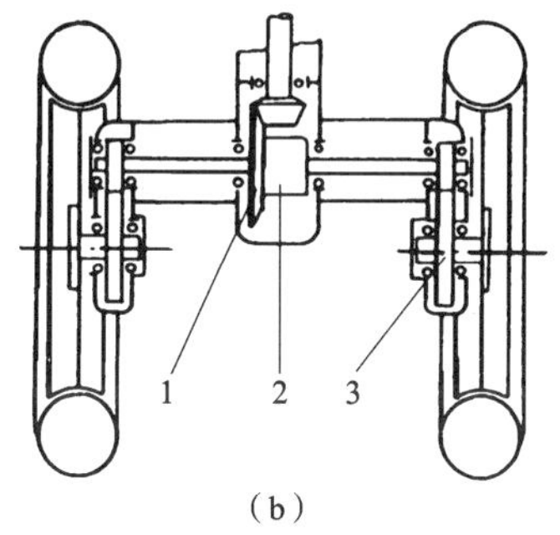

(b)

图4.1　轮式拖拉机后桥结构简图

内置式的左右最终传动与中央传动和差速器安装于同一后桥壳体内，如图4.1(a)所示。这种后桥结构紧凑，由于驱动轮可在半轴上移动，因此可进行无级调节轮距，但加大了桥壳尺寸，使离地间隙减小。外置式的左右最终传动各自具有独立的壳体，并分置在左右驱动轮处，如图4.1(b)所示。这种后桥壳既能获得较大的离地间隙，改变最终传动壳体与后桥壳体的相对位置，又可同时改变离地间隙和拖拉机轴距，但不能进行无级调节轮距。

图4.2所示为履带式拖拉机后桥结构简图。履带式拖拉机后桥由转向离合器、中央传动和最终传动等组成。转向离合器和中央传动置于后桥壳体中，左右最终传动及其壳体位于左右驱动轮附近。转向离合器既是传动部件，又是转向系统的组成部分。

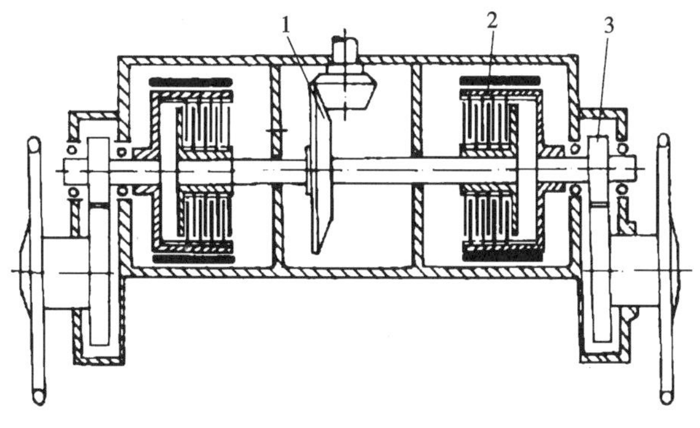

图4.2　履带式拖拉机后桥结构简图

4.1　中央传动拆卸

3. 驱动桥组成及结构特点

1）中央传动

中央传动是拖拉机的主减速器，在农用车及其他车辆上称为主减速器。

中央传动的功用是将输入转矩增大并相应降低其转速，对于纵向布置的发动机，其还通过它改变转矩的方向，满足车辆行驶要求。根据使用要求的不同，中央传动有不同的结构形式。

按齿轮传动副的数目，中央传动可分为单级和双级两种形式。单级中央传动具有结构简单、体积小、重量轻和传动效率高等优点。目前，轿车、小型客车、轻型和中型货车一般采用单级主减速器；大型和重型货车要求较大的主减速比和较大的离地间隙，因此更多的是采用双级主减速器。

按齿轮传动比挡数，中央传动可分为单速和双速两种形式。双速式有供操作者选择的两个传动比，以适应不同工作条件；单速式的传动比是固定的。国产拖拉机一般采用单速式中央传动。

按齿轮传动副的结构，中央传动可分为圆柱、圆锥和准双曲面齿轮式。圆柱齿轮式又分为定轴和行星两种轮系，适用于发动机横置拖拉机。对于大多发动机纵置的拖拉机，其中央传动采用螺旋圆锥齿轮或准双曲面齿轮。与螺旋圆锥齿轮相比，准双曲面齿轮工作稳定性更好，机械强度更高，同时允许主动齿轮轴线相对从动齿轮轴线偏移，如图 4.3 所示。若主动齿轮轴线向下偏移，在保证必需的离地间隙情况下，可使车辆重心降低，提高行驶的稳定性。

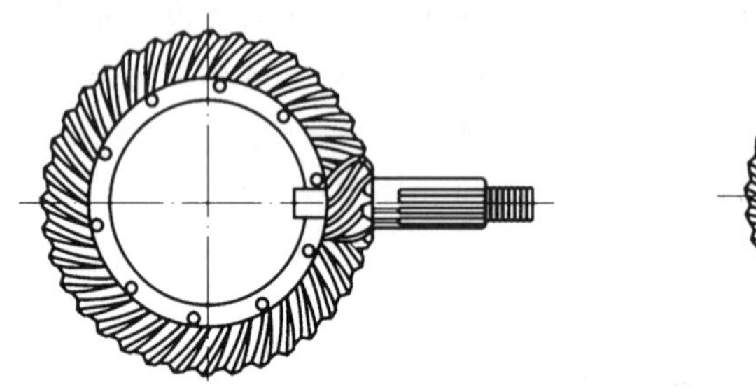

（a）主、从动齿轮轴线交叉

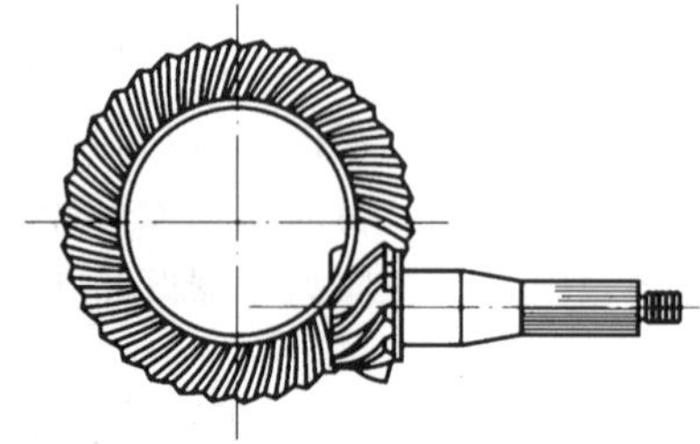

（b）主动齿轮轴线相对从动齿轮轴线偏移

图 4.3　主动齿轮和从动齿轮轴线位置

某驱动桥的发动机纵向前置，前轮驱动放于车辆前部，整个传动系统都集中布置在车辆的前部，如图 4.4 所示。

本驱动桥将变速器、中央传动和差速器安装在一个三件组合的壳体内，变速器的输出轴即中央传动的主动轴，动力由变速器直接传递给中央传动，没有万向传动装置。中央传动为单级减速器，主减速齿轮由一对双曲面锥齿轮组成。主动锥齿轮的齿数为 9，从动锥齿轮的齿数为 37，因此，其传动比 $i_0=37/9\approx4.11$。主动锥齿轮和变速器输出轴制成一体，用圆柱滚子轴承和双列圆锥滚子轴承支承在变速器后壳体内。环形的从动锥齿轮以凸缘定位，并用螺钉与差速器壳体连接，差速器壳体由一对圆锥滚子轴承支承在变速器前壳体上。

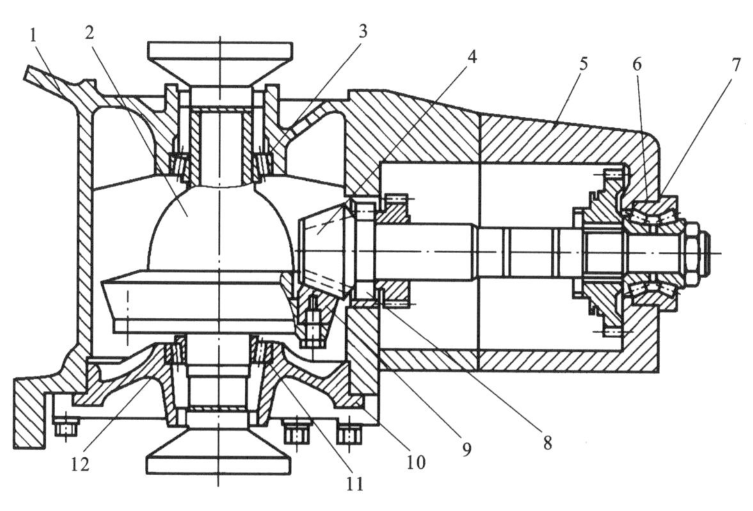

1—变速器前壳体；
2—差速器；
3,7,11—调整垫片；
4—主动锥齿轮；
5—变速器后壳；
6—双列圆锥滚子轴承；
8—圆柱滚子轴承；
9—从动锥齿轮；
10—中央传动盖；
12—圆锥滚子轴承

图 4.4　单级中央传动剖面图

中央传动的调整包括有轴承预紧度和齿轮啮合调整，主、从动锥齿轮轴承安装时有一定的预紧度，以消除多余的轴向间隙和平衡一部分前后轴承的轴向负荷，使主、从动齿轮保持正确的啮合和轴承获得均匀磨损。轴承预紧度也不宜过大，过大会增加轴承载荷，升高工作温度而降低使用寿命；轴承预紧度过小则使主、从动齿轮轴向间隙增大，破坏正确啮合位置和间隙造成冲击异响。主动锥齿轮轴上的轴承预紧度不需要调整，从动锥齿轮轴承的预紧度可通过调整垫片 3 和 11 的总厚度来调整，左右半轴装好后，从动齿轮应转动灵活并没有轴向间隙感觉。

齿轮啮合调整包括啮合间隙和啮合印痕的调整，适当的啮合间隙可保证啮合齿轮的润滑和散热。单级中央传动齿轮的标准啮合间隙为 0.08～0.15 mm，齿轮啮合间隙通过调整垫片 3 和 11 来调整，减的一侧的垫片应加到另一侧上，以保证已调整好的轴承预紧度不变。正确的啮合印痕保证啮合齿轮工作强度；齿轮啮合印痕的调整通过调整垫片 7 实现。

东方红-75 型拖拉机的中央传动如图 4.5 所示。它由一对螺旋锥齿轮组成。

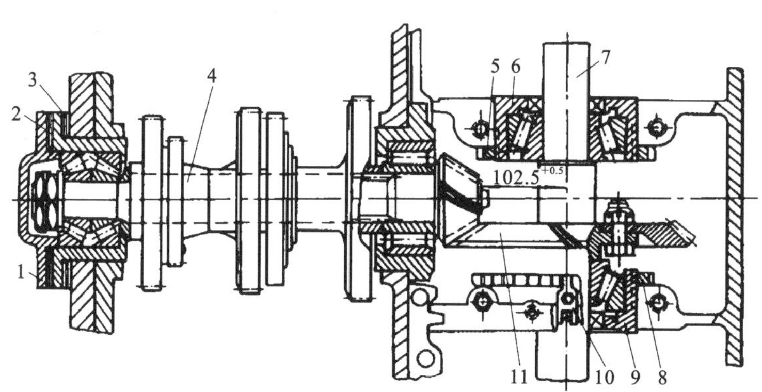

1—轴承盖；
2,3—调整垫片；
4—变速器第 2 轴；
5,8—调整螺母；
6,9—轴承座；
7—横轴；
10—锁片；
11—中央传动大锥齿轮

图 4.5　东方红-75 型拖拉机的中央传动

主动小齿轮与变速器第 2 轴做成一体，第 2 轴前端支承在一对锥轴承上，而后端支承在圆柱滚子轴承上。两锥轴承大端面对面安装，向前、向后的轴向力分别由两锥轴承承受。调整垫片 3 用来调整主动小锥齿轮的轴向位置。调整垫片 2 用来调整锥轴承的预紧度。从动大锥齿轮用螺栓直接固定在横轴的接盘上。横轴两端用锥轴承支承，轴承座上的调整螺母用来调整锥轴承间隙和锥齿轮的轴向位置。调整螺母的外缘有许多槽，有锁片卡在槽中以防螺母松动退出。支承横轴的隔板将中央传动和转向机构隔开。

为了便于拆装横轴，隔板沿轴承直径处做成上下可拆的两部分。上下隔板间有带状毡垫，上隔板用螺柱紧固在下隔板上，轴承座上有自紧油封和回油道，回油道和下隔板上相应的回油孔相通，可防止中央传动室内的润滑油进入转向机构，中央传动锥齿轮及锥轴承都靠飞溅润滑。

2）差速器

差速器是驱动桥的主要部件，差速器的功用是根据不同拖拉机行驶需要，在传递动力的同时，使内外侧驱动轮能以不同的转速转动，以便拖拉机转弯或适应因轮胎及路面差异而造成的内外侧驱动轮转速差异。

4.2 差速器的拆卸

当拖拉机转弯时，两侧驱动轮走过的距离是不相等的。当差速器未起作用时，两侧驱动轮以同样的速度行驶，为了满足拖拉机转弯时外侧车轮行程大于内侧车轮行程的要求，内侧车轮有产生滑转的趋势，而外侧车轮则会产生拖滑的趋势；这样路面将对滑转的车轮作用一个向前的附加阻力，作用在拖滑车轮上的附加阻力是向后的，这时附加阻力转移到差速器，同时带动两个半轴齿轮向不同方向旋转，使外侧车轮转速增大，内侧车轮转速减小，满足两边车轮接近以纯滚动的形式不等距行驶，拖拉机顺利完成转弯行驶并减少轮胎与地面的摩擦。

普通齿轮差速器有锥齿轮式和圆柱齿轮式两种类型。目前，应用最广泛是锥齿轮式差速器，其结构简单、紧凑、工作平稳。

行星锥齿轮式差速器由行星锥齿轮、十字轴、两个半轴锥齿轮、两个差速器壳及垫片等组成。其结构如图 4.6 所示。

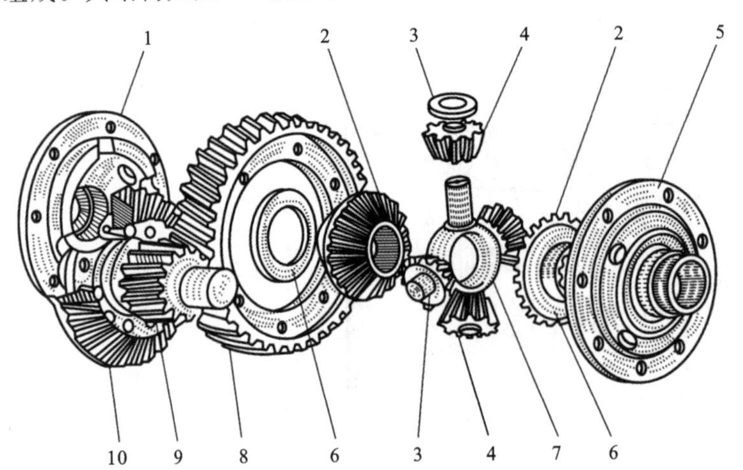

1,5—差速器壳；
2—半轴锥齿轮；
3,6—推力垫片；
4—行星锥齿轮；
7—十字轴；
8—从动圆柱齿轮；
9—主动圆柱齿轮；
10—从动圆锥齿轮

图 4.6 行星锥齿轮式差速器结构

中央传动从动圆柱齿轮夹在两差速器壳1和5之间，用螺栓四周均匀地将它们固定在一起，十字轴的两个轴颈嵌在两个半差速器壳端面半圆槽所形成的孔中，行星锥齿轮分别松套在4个轴颈上，两个半轴锥齿轮分别与行星锥齿轮啮合，以其轴颈支承在差速器壳中，并以花键孔与半轴连接。行星锥齿轮背面和差速器壳的内表面都制成球面，以保证行星锥齿轮对准正中心，利于和两个半轴锥齿轮正确地啮合。

行星锥齿轮和半轴锥齿轮背面与差速器壳之间装有推力垫片3和6，用来减少摩擦，降低磨损，延长差速器的使用寿命，同时也用来调整齿轮的啮合间隙。差速器靠中央传动壳内的润滑油润滑，因此差速器上开有供润滑油进出的孔。为了保证行星锥齿轮和十字轴轴颈之间的润滑，同样在行星锥齿轮的齿间钻有油孔，以与其中心孔相通。同时，半轴锥齿轮上也钻有油孔，以加强背面与差速器壳之间的润滑。

差速器动力传递情况首先是动力经中央传动进入差速器，再传至差速器壳，依次经十字轴、行星锥齿轮、半轴锥齿轮传给左右两根半轴后分别驱动左右车轮。

在中型以下的农用车上，由于传递的转矩较小，故可采用两个行星锥齿轮，相应的行星锥齿轮轴是一根直轴。如图4.7所示的差速器，其差速器壳为一整体框架结构。行星锥齿轮轴装入差速器壳后用止动销定位，以保证行星锥齿轮的对中性，行星锥齿轮和半轴锥齿轮背面也制成球形。半轴锥齿轮背面的推力垫片与行星锥齿轮背面的推力垫片制成一个整体，称为复合式推力垫片。螺纹套用来紧固半轴锥齿轮。

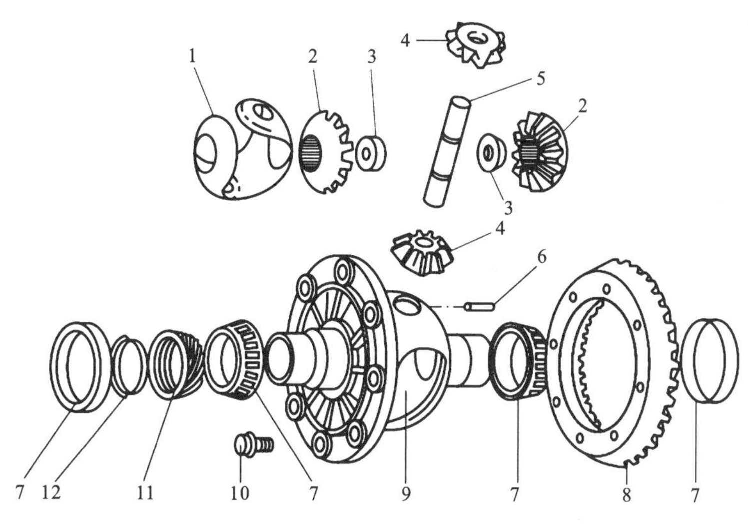

图4.7　差速器

1—复合式推力垫片；
2—半轴锥齿轮；
3—螺纹套；
4—行星锥齿轮；
5—行星锥齿轮轴；
6—止动销；
7—圆锥滚子轴承；
8—从动圆锥齿轮；
9—差速器壳；
10—连接螺栓；
11—车速表齿轮；
12—车速表齿轮锁紧套筒

行星锥齿轮式差速器差速原理示意如图4.8所示。差速器壳与行星锥齿轮轴连成一体，并由中央传动从动锥齿轮带动一起转动，是差速器的主动件，设其转速为n_0。半轴锥齿轮1和5为从动件，若其转速分别为n_1、n_2，而A、B两点分别为行星锥齿轮与半轴锥齿轮1和5的啮合点，点C为行星锥齿轮的中心，点A、B、C到差速器旋转轴线的距离相等。

3）差速锁

差速锁主要应用于拖拉机上，农用汽车一般不装差速锁。

差速器具有能差速但不能差扭的特点。所谓不能差扭，就是指差速器传给两边半轴齿轮

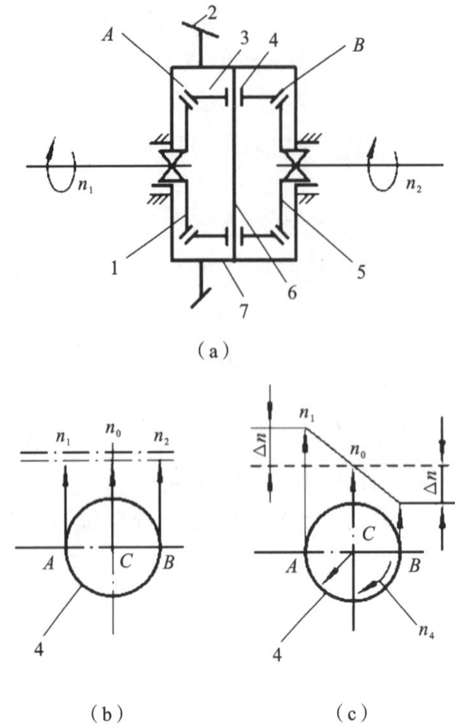

1,5—半轴锥齿轮；
2—从动锥齿轮；
3—行星锥齿轮；
4—行星锥齿轮中心 C；
6—行星锥齿轮轴；
7—差速器壳

图 4.8 行星锥齿轮式差速器差速原理示意图

的扭矩总是相等的，因而作用在行星齿轮上的力总是平均地分配给两个半轴齿轮。

当拖拉机在行驶中，如果有一侧的驱动轮陷入松软、泥泞或冰雪地段而严重打滑时，另一侧驱动轮即使在良好地面上，拖拉机也没有能力驶出这一地段。因为在陷车这一侧，由于驱动轮的附着力降低，传动系统传给该侧的驱动力矩也降低。由于差速器不能差扭的作用，传给不陷车一侧驱动轮的驱动力矩也就相应降低到同等数值，使整个拖拉机的总驱动力大大降低到拖拉机不能向前行驶。这时，不陷车一侧的驱动轮就静止不转，而陷车一侧的驱动轮则以两倍于差速器壳的转速在原地滑转，这就使车轮越陷越深。

为了克服这种缺陷，轮式拖拉机差速器上装有锁止装置，也就是差速锁。利用它把两根半轴暂时连成一根整轴，以便充分利用良好地面那一侧驱动轮的附着力，使拖拉机驶出打滑地段。

当拖拉机一侧驱动轮严重打滑时，应使用差速锁。操纵差速锁时首先应停车，然后将差速锁操纵手柄右推，经过拨叉、推杆压缩回位弹簧，使连接齿套向左移动，通过花键啮合，将差速器两半轴齿轮连在一起，使两驱动轮以同样速度旋转，有助于拖拉机驶出打滑地段。拖拉机驶出打滑地段后，首先应分离离合器，再松开差速锁操纵手柄，连接套在回位弹簧作用下与半轴齿轮分离，让差速器又恢复差速作用。

应该指出，差速锁处于接合状态时，拖拉机必须保持直线行驶；否则，会损坏差速器及传动系统中其他零件。

常用的防滑差速器有人工强制锁止式和自动锁止式两大类型。前者通过驾驶员操纵差速锁，人为地将差速器暂时锁住，使差速器不起差速作用；后者在拖拉机在行驶过程中，根据路面情况自动改变驱动轮间的转矩分配。

人工强制锁止式差速器就是在普通行星锥齿轮式差速器基础上设计的差速锁。当一侧驱动轮滑转时，利用差速锁使差速器不起作用，保证了拖拉机的正常行驶。人工强制锁止式差速器如图 4.9 所示。

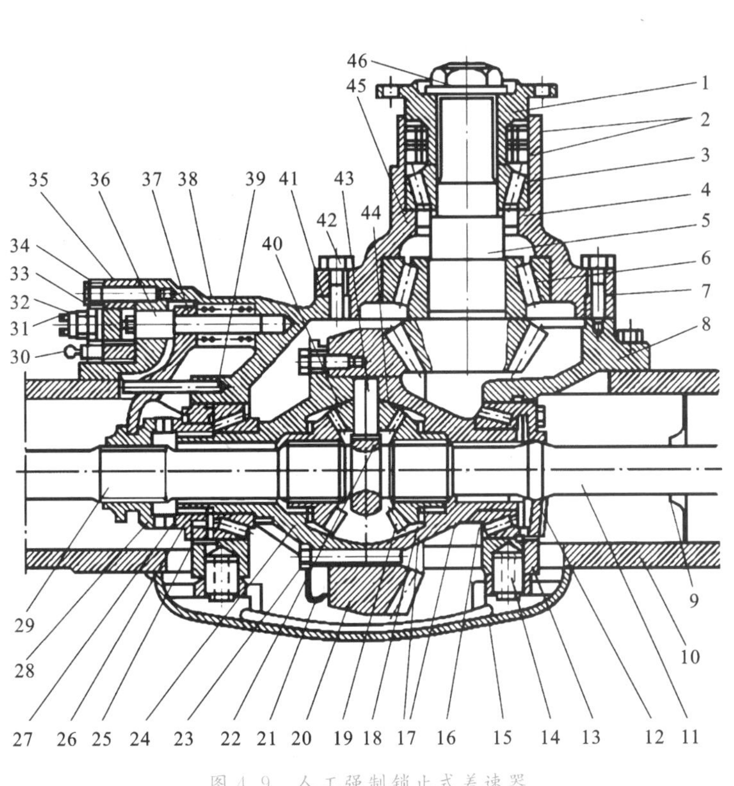

1—传动凸缘；
2—油封；
3,6,16—轴承；
4—调整垫圈；
5—主动齿轮；
7—调整垫片；
8—中央传动壳；
9—挡油盘；10—桥壳；
11,29—半轴；
12,25—调整螺母；
13—轴承盖；
14—定位销；
15—集油槽；
17,24—差速器；
18,44—推力垫片；
19—半轴齿轮；
20—从动齿轮；
21—锁板；22—衬套；
23,42—螺栓；
26—固定接合套；
27—弹性挡圈；
28—滑动接合套；
30—气管接头；
31—活塞；
32—差速锁指示灯开关；
33—调整螺钉及锁紧螺母；
34—缸盖；35—缸体；
36—拨叉轴；37—拨叉；
38—回位弹簧；
39—导向轴；
40—行星锥齿轮；
41—密封圈；43—十字轴；
45—轴承座；46—螺母

图 4.9　人工强制锁止式差速器

它的差速锁由牙嵌式接合器及操纵机构两大部分组成。牙嵌式接合器的固定接合套 26 用花键与差速器 24 左端连接，并用弹性挡圈 27 轴向限位。滑动接合套 28 用花键与半轴 29 连接，并可轴向滑动。操纵机构的拨叉 37 装在拨叉轴 36 上并可沿导向轴 39 轴向滑动，其叉形部分插入滑动接合套 28 的环槽中。

当拖拉机行驶在附着力较小的路面上时，通过控制操纵机构拨叉 37 使滑动接合套 28 与固定接合套 26 接合，差速锁将差速器壳与半轴锁紧成一体，使差速器失去差速作用，进而把扭矩转移到另一侧驱动轮上，防止驱动轮滑转，以使产生的驱动力克服行驶阻力，提高车辆的行驶通过性。注意，接合差速锁时，车辆必须处于直线行驶状态，并且离合器要分离。

4）最终传动

最终传动是指差速器或转向机构之后、驱动轮之前的传动机构，用来进一步增大传动比。通常这一级的传动比较大，以减小变速器、中央传动等传动件的受力，并可简化其结构。农用汽车一般不设最终传动，拖拉机为了进一步增扭减速，以满足拖拉机的作业需要，一般都设有最终传动。最终传动在其他车辆上又称为轮边减速器。

最终传动大多采用直齿圆柱齿轮，在传动形式上可分为外啮合齿轮式和行星齿轮式两种。图 4.10 所示为行星齿轮式最终传动。

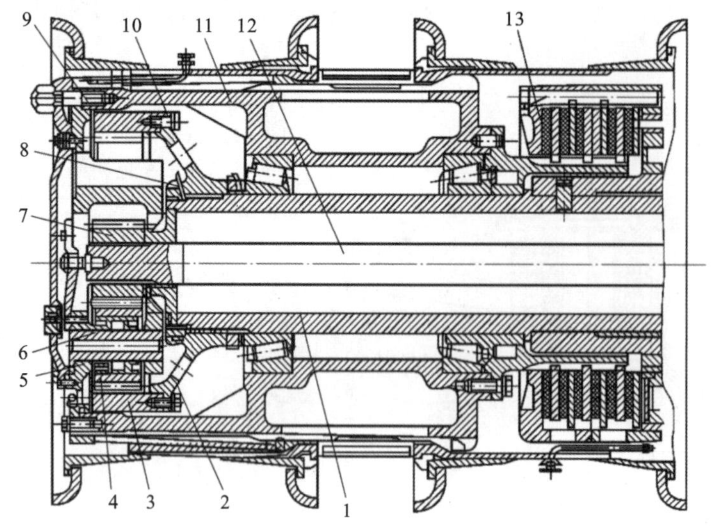

1—半轴套管；
2—齿圈座；
3—齿圈；
4—行星齿轮；
5—行星齿轮架；
6—行星齿轮轴；
7—太阳齿轮；
8—锁紧螺母；
9,10—螺钉；
11—轮毂；
12—半轴；
13—盘式制动器

图 4.10　行星齿轮式最终传动

行星齿轮式轮边减速器的太阳齿轮与半轴花键连接并随半轴转动；齿圈与齿圈座用螺钉连接；齿圈座与半轴套管花键连接，并用锁紧螺母固定其轴向位置，因而齿圈不能转动。太阳齿轮和齿圈之间的三个行星齿轮分别通过圆锥滚子轴承的行星齿轮轴支承在行星齿轮架上；行星齿轮架与轮毂用螺钉固连；为了固定半轴和太阳齿轮的轴向位置，在半轴外端面装有可调止推螺钉，并用可调止推螺钉顶住。

图 4.11 所示为圆柱齿轮式最终传动。

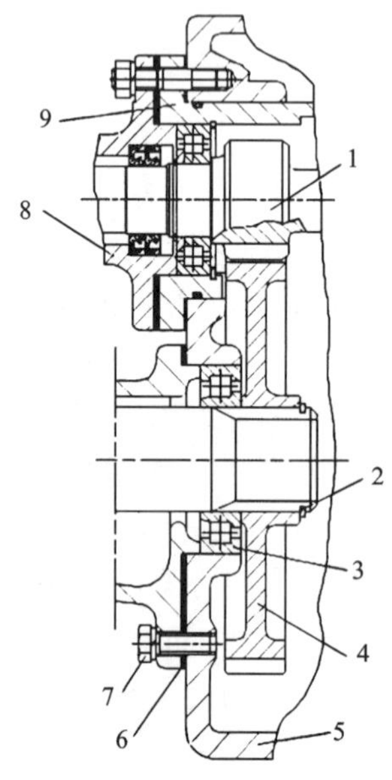

1—最终传动主动齿轮(半轴)；
2—轴用挡圈；
3—圆柱滚子轴承；
4—最终传动从动齿轮；
5—后桥壳体；
6—密封纸垫；
7—螺栓；
8—制动器壳体；
9—差速器轴承座

图 4.11　圆柱齿轮式最终传动

圆柱齿轮式最终传动的一对圆柱齿轮副(1 和 4)安装在后桥壳体 5 的内部,驱动轴与半轴 1 的轴线不同,制动器仍通过半轴进行制动,但在驱动桥侧边安装了独立的壳体,相对于行星齿轮式最终传动,拆装较为复杂。

任务实施

实施驱动桥的拆装作业

与变速器类似,驱动桥构造主要以箱体、齿轮、轴套类零件为主。除箱体裂纹、渗漏等故障外,一般均需将驱动桥拆卸后进行检查维修。通过对后驱动桥的拆装来熟悉后驱动桥的结构和工作原理,进一步掌握轴套类零件的拆装方法和调整技术。

1. 后桥的使用与维护

(1) 定期检查、紧固中央传动、差速器、差速锁和最终传动等处的连接螺栓。

(2) 定期检查后桥壳和最终传动壳的润滑油量,不足时及时加入合格的润滑油,润滑油要定期更换。

(3) 进行水田作业时,应检查最终传动油封的密封情况。如已损坏或严重磨损,应更换。

(4) 定期或根据需要检查各轴承间隙和中央传动的啮合情况。如发现中央传动齿轮齿面严重剥落、有裂纹和过度磨损时,应及时成对更换齿轮。

2. 最终传动的拆卸

进行最终传动拆卸作业前,要做好前期技术资料熟悉、工量具及安全操作准备工作,然后进行相关作业。

驱动桥最终传动的拆装主要是轴、套、销类零件的拆装,这些零件之间有些是过渡或过盈紧配合。拆装这些零件时,不能生硬敲击,特别是轴承拆装,一般需要用专用工具。

最终传动的拆卸作业工单见表 4.1。

思考与练习

(1) 简述驱动桥的功用和类型。

(2) 简述中央传动的调整内容及要求。

(3) 简述差速器的功用及对称式锥齿轮差速器的工作原理。

(4) 简述差速锁操纵机构的工作过程。

(5) 简述差速锁的使用注意事项。

任务检查与评价

表 4.1 最终传动的拆卸作业工单

型号	编号	上次保养日期	行驶时间/h	保养日期
说明：认真阅读本拖拉机图册，准备好相应的工具、量具、专用工具及其他辅助设备。				

序号	操作内容	操作说明	所需工具
10	卸下最终传动总成	拆去总成连接螺栓和螺母（含垫圈），卸下最终传动总成，纸垫和齿圈自动分解	扳手
20	松开锁紧螺栓	取下驱动轴锁紧螺栓锁片，拆下驱动轴锁紧螺栓和挡板	扳手、专用工具
30	分解行星架组件	① 取下行星架组件，拔出弹簧销。 ② 取出行星轮组件，将行星架组件彻底分解	扳手、专用工具
40	松开尾部连接	拆下尾端连接螺栓和垫圈，将油封座敲松	扳手、专用工具
50	分解尾端零件	① 敲击驱动轴内端，从最终传动壳体上冲出驱动轴。 ② 取下圆锥滚子轴承。 ③ 从驱动轴上敲下圆锥滚子轴承的内圈，取下油封座、油封及O形圈	扳手、专用工具
		（表格根据需要添加）	
建议事项：			

检查：
(1) 任务准备是否充分；
(2) 任务工单的完成情况；
(3) 对最终传动的整体认知情况；
(4) 整理设备和现场；
(5) 优化与创新。
评估：

续表

考评项目	自我评估	组长评估	教师评估	权重分
劳动纪律				5
安全、环境意识				5
任务方案				5
实施过程				15
工量具使用				5
完成情况				15
分工与协作				10
创新思路				10
综合评价				30
合计				100

操作者签名：　　　　组长签名：　　　　教师签名：

任务 4.2　前驱动桥的拆装与维护

任务目标

（1）了解前驱动桥的基本功用、类型、组成及工作原理。
（2）了解典型拖拉机前驱动桥的结构。
（3）能选用适当工具对拖拉机前驱动桥进行拆装及维护。
（4）培养学生遵守操作工艺规范的意识。
（5）树立安全文明生产意识和环境保护意识。

任务准备

农业生产中使用最多的是四轮驱动拖拉机，两个前轮也需产生驱动力，因此需要将来自发动机的动力也传递给前驱动轮。拖拉机前后轮直径不一，因此要接受变速控制，与后轮在线速度上匹配得当，保持协调一致，这就使得四轮驱动拖拉机的传动系统多出了前驱动部分。

前驱动部分包括分动箱、传动轴和前驱动桥，其中前驱动桥包括前中央传动、前最终传动和前驱动桥支承。

1. 分动箱

4.3　分动箱的拆装

1）分动箱的功用

利用分动箱可以将变速器输出的动力分配到各个驱动桥；有些分动箱还有高、低两个挡，兼起副变速器的作用。

2）分动箱的构造

分动器的输入轴与变速器的第 2 轴相连，输出轴通过万向传动装置分别与各驱动桥相连。拖拉机在工作中，把来自变速器的输出动力通过齿轮传动分出一部分给前驱动桥，以驱动前轮转动，从而产生驱动力；在不需要前轮驱动时，能将动力切断。图 4.12 所示为东风 554 拖拉机分动箱结构。

图 4.13 所示为东方红 554 拖拉机分动箱结构。其无高低速变速功能，主要由分动箱壳体、分动箱操纵组件、分动箱惰轮、分动箱被动齿轮、分动箱输出轴、分合件拨叉和拨叉轴、定位件、支承件和密封件等组成。

分动箱一般安装于变速器壳体或后驱动桥壳体的底部，通过分动箱惰轮与变速器输出轴或后驱动桥中央传动主动齿轮轴上的齿轮啮合，将动力传递给分动箱被动齿轮，再经花键连接，由分动箱输出轴输出。

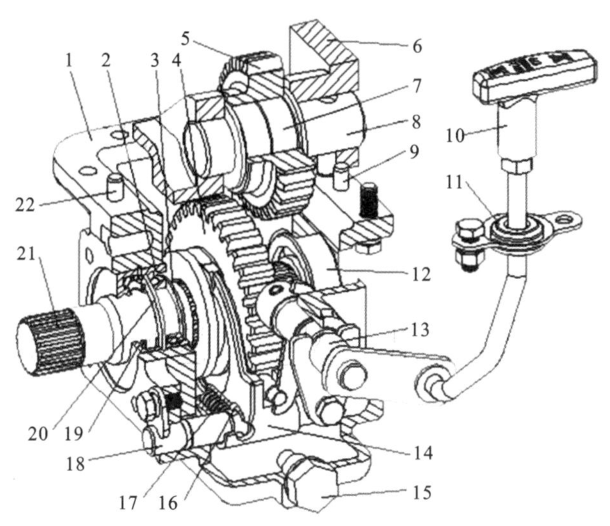

1—分动器壳体；
2,7,12—轴承；
3—轴用挡圈；
4—分动齿轮；
5—分动惰轮；
6—变速器壳体；
8—惰轮轴；
9,22—定位销；
10—操纵手柄；
11—操纵杆限位圈；
13—分动器操纵组件；
14—拔叉；
15—放油螺塞；
16—自锁钢球；
17—自锁弹簧；
18—拔叉轴；
19—油封；
20—孔用挡圈；
21—分动器轴

图4.12　东风554拖拉机分动箱结构

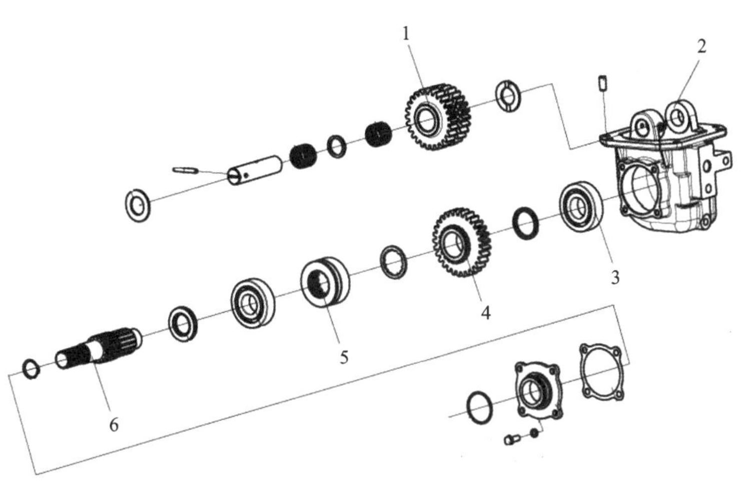

1—分动箱惰轮；
2—分动箱壳体；
3—轴承；
4—分动箱被动齿轮；
5—滑动齿套；
6—分动箱输出轴

图4.13　东方红554分动箱结构

3）分动箱的工作要求

拖拉机分动箱只有在田间作业或道路泥泞、轮胎打滑时才允许使用，分动箱接合前驱动桥，其他情况下严禁使用，分动箱操纵手柄应放置在分离位置，否则易造成轮胎及传动系统早期磨损。分动箱在使用时要注意：

（1）使用时，先接合分动箱，挂接前桥，再挂接变速器低速挡；

（2）退出使用时，先退出变速器低速挡，再摘下分动箱操纵分离前桥。

2. 传动轴

传动轴的功能是把来自分动箱的动力传递给前驱动桥。如图 4.14 所示，传动轴主要由传动轴、前后万向节、弹簧销、前后连接套、中间支承件、密封件和紧固件等组成。有的传动轴分几段和中间支承的多少视机型、分动箱到前驱动桥的距离而定。

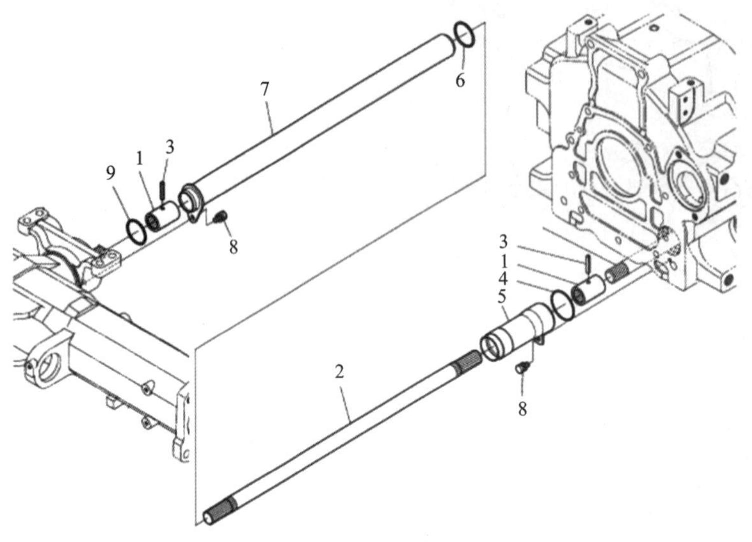

1—万向节；
2—万向传动轴；
3—弹簧销；
4,6,9—O 形密封圈；
5,7—连接套筒；
8—螺栓

图 4.14　传动轴的组成

3. 万向节

1）万向节的功用

万向传动装置如图 4.15 所示，在轴线相交且相对位置及两轴间夹角不断变化的两转轴之间传递动力，具有以下特点。

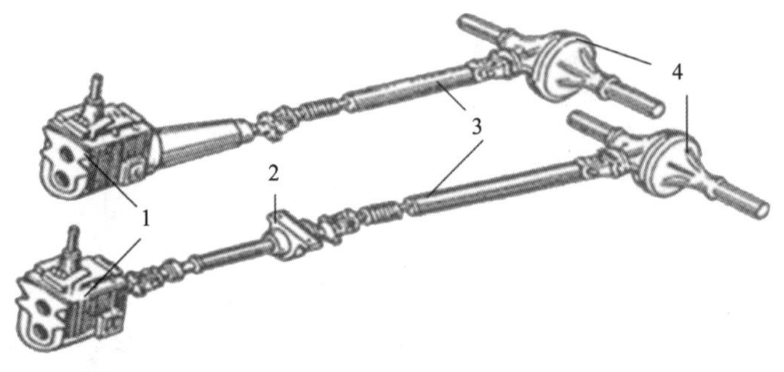

1—分动箱；
2—中间支撑；
3—万向传动装置；
4—驱动桥

图 4.15　万向传动装置

（1）两个总成之间的相对位置、角度变化时，能正常传递转矩。

（2）两个总成由于安装或制造引起轴的相对位置变化，能正常传递转矩。

2）万向节的种类

万向节的种类较多，可分为刚性、半刚性、弹性万向节和等角速万向节。等角速万向节又有铰链式、球叉式和球笼式等。

十字轴式刚性万向节因其构造简单、传动可靠、效率高且允许两传动轴之间有较大进夹角（一般为15°～20°）而在拖拉机中被采用。

十字轴是指这种万向节中有一个十字形状的主要动力传递件，刚性是指这种万向节为金属件，相互间直接传递动力，不存在明显的弹性变形，也不能缓和冲击。

3）万向传动装置的要求

(1) 能可靠地传递动力。

(2) 所连接的两轴能尽量接近均匀等速的运转。

(3) 两传递点轴线的长度可以变化。

(4) 传动效率高，寿命长，结构简单，制造、维修方便。

在图4.16所示的十字轴式刚性万向节中，两万向节叉及其孔分别活套在十字轴的两对轴颈上。当主动轴转动时，从动轴既可以随之转动，又可以绕十字轴的中心在任意方向上摆动。为了减小摩擦损失、提高传动效率，在十字轴轴颈和万向节叉孔间装有由滚针和套筒组成的滚动轴承，然后用螺栓和轴承盖将套筒固定在万向节叉上，并用锁紧垫片对螺栓做防松处理，以防轴承在离心力的作用下从万向节叉内脱出。

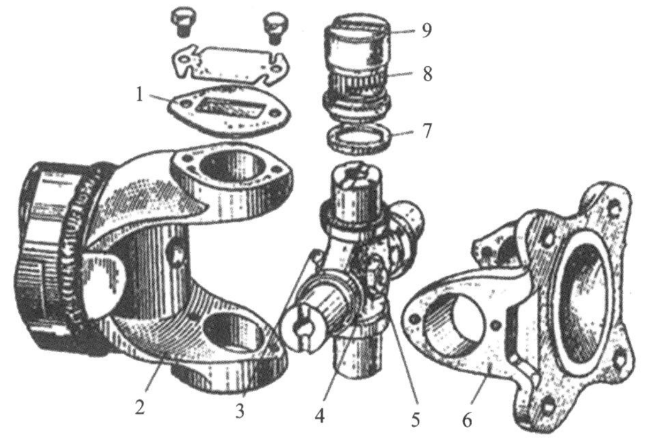

1—轴承盖；
2,6—万向节叉；
3—注油嘴；
4—十字轴；
5—安全阀；
7—油封；
8—滚针；
9—套筒

图4.16　十字轴式刚性万向节结构图

如图4.17所示，为了润滑轴承，十字轴被制成空心的，并有油路通向轴颈。润滑油从注油嘴注入十字轴内腔，为避免润滑油流出及尘垢进入轴承，在十字轴的轴颈上套着装在金属座圈内的毛毡油封。在十字轴的中部还装有带弹簧的安全阀。当十字轴内腔的润滑油压力大于允许值时，安全阀即被顶开而润滑油外溢，使油封不致因油压过高而损坏。十字轴式刚性万向节的损坏是以十字轴轴颈和滚针轴承的磨损作为标志的，因此润滑与密封直接影响万向节的使用寿命。

单个十字轴万向节只能允许两传动轴之间的夹角变化15°～20°，不能满足要求拖拉机转向十字轴万向节的工作需求，转向需要的转角大，否则拖拉机不能转小弯。因此，需要采用双联式十字轴万向节。图4.18所示为JB/T 5901标准十字轴式万向联轴器。双联式十字

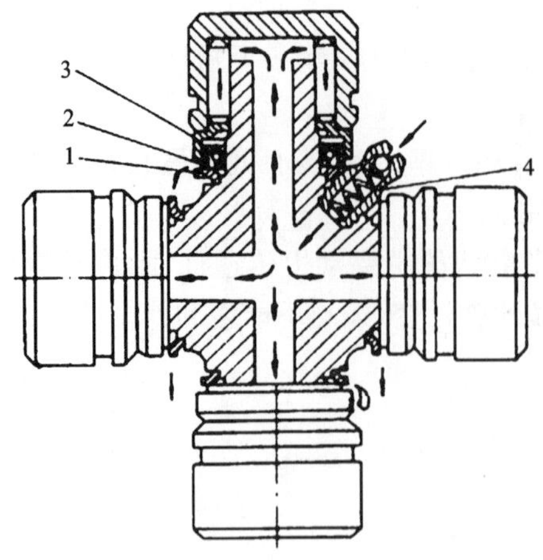

图 4.17　十字轴润滑油道及密封装置

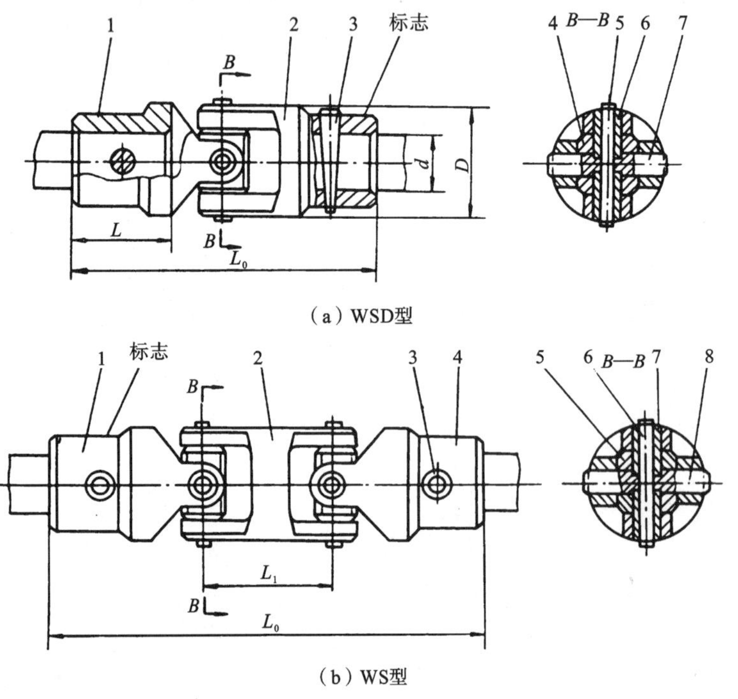

(a) 1,2—半联轴器；
3—圆锥销；
4—十字轴；
5—销钉；
6—套筒；
7—圆柱销
(b) 1,4—半联轴器；
2—叉形接头；
3—圆锥销；
5—十字轴；
6—销钉；
7—套筒；
8—圆柱销

图 4.18　WSD、WS 型十字轴式万向联轴器

轴万向节其实就是两个单个十字轴万向节的组合使用，只是两个万向节间的距离较短，直接做成了一个双联叉，允许夹角变化可达 45°及以上。

4. 前中央传动

前中央传动的功用同样包括增大传动比、降低转速、增大扭矩和改变扭矩的传递方向，以适应前驱动轮旋转和传递动力的要求。

如图4.19所示，前中央传动与后驱动桥中央传动的结构类似，主要由主、从动齿轮及其支承件，差速器和调整件组成，唯一区别是比后驱动桥中央传动少了差速锁装置，因此，其功能是减速增矩、改变动力传递方向和使左右前驱动轮能差速行驶。

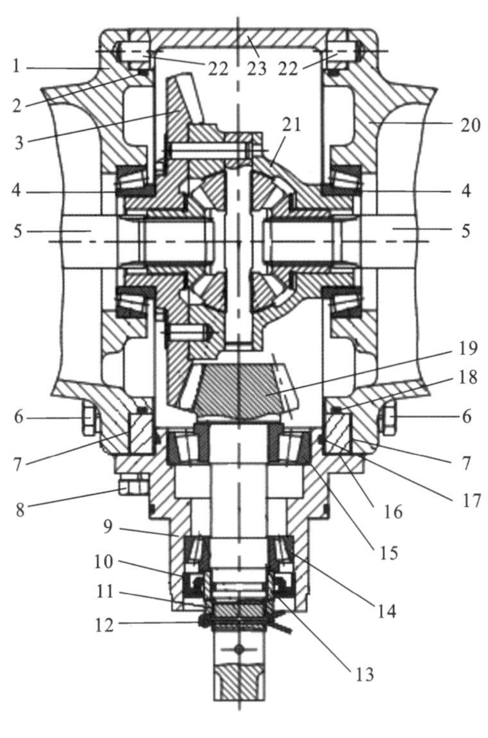

图4.19　前中央传动结构

1—左半轴套管；
2,17,18—O形密封圈；
3—从动齿轮；
4,14,15—圆锥滚子轴承；
5—半轴；
6,8—螺栓；
7—从动齿轮调整垫片；
9—轴承座；
10—油封；
11—锁紧螺母；
12—开口销；
13—隔套；
16—主动齿轮调整垫片；
19—主动齿轮；
20—右半轴套管；
21—差速器总成；
22—定位销；
23—前中央传动壳体

前中央传动的调整内容也与后中央传动的一样，先调整主、从动齿轮支承轴承的预紧度，再进行齿轮啮合调整。

4.4　前驱动轴组件拆解

5. 前最终传动

前最终传动不仅要能传递动力给前驱动轮，实现减速增矩，还要能协助转向系统使前驱动轮绕主销轴线旋转，实现转向。前最终传动常用的结构有圆锥齿轮式和行星机构式。

1）圆锥齿轮式前最终传动

图4.20所示为圆锥齿轮式前最终传动结构图。其主要由二级圆锥齿轮副中间传动主、从动齿轮，末减速主、从动齿轮以及立轴、驱动轴、转向旋转组件立轴套管、左边减速壳体、左转向臂、上轴承盖等组成。在结构上，立轴套管又是中间传动齿轮副的安装壳体，左边减速

壳体又是末减速齿轮副的安装壳体。

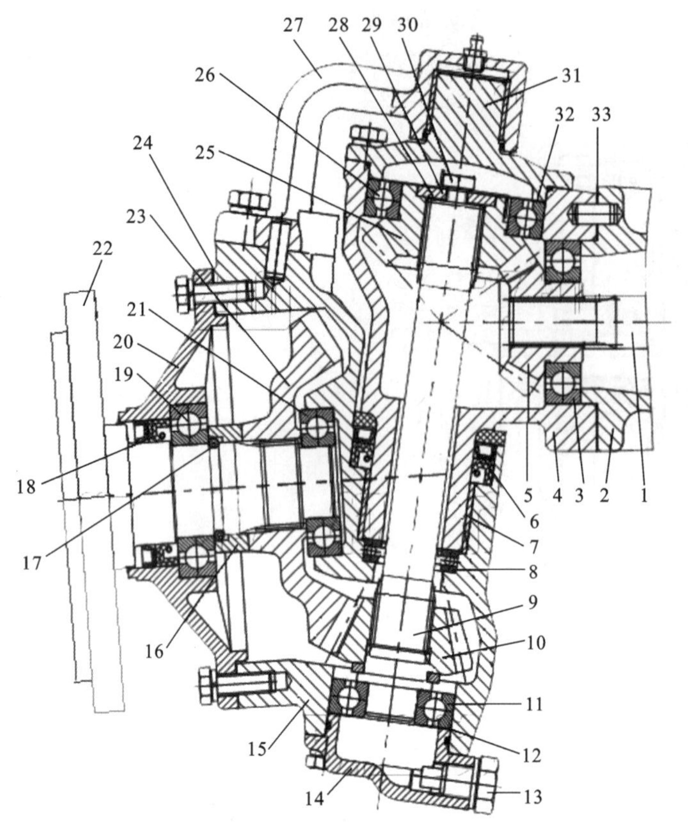

1—半轴；
2—左半轴套管；
3,11,19,21,26—深沟球轴承；
4—立轴套管；
5—中间传动主动齿轮；
6,18—油封；
7—衬套；
8—推力球轴承；
9—立轴；
10—末减速主动齿轮；
12—末减速调整垫片；
13—放油螺塞；
14—下轴承盖；
15—左边减速壳体；
16—驱动轴固定圈锁套；
17—驱动轴固定圈；
20—驱动轴盖；
22—驱动轴；
23—末减速从动齿轮；
24—驱动轴盖垫片；
25—中间传动从动齿轮；
27—左转向臂；
28—立轴调整垫片；
29—立轴挡圈；
30—螺栓；
31—上轴承盖；
32—中间传动调整垫片；
33—立轴套管垫片

图 4.20　圆锥齿轮式前最终传动结构图

半轴的内端与差速器中的半轴齿轮通过花键连接，外端与中间传动主动齿轮通过花键连接，将动力由差速器传至最终传动。立轴的上端通过花键与中间传动从动齿轮连接，下端通过花键与末减速主动齿轮连接，将动力由中间传动齿轮副传至末减速齿轮副。末减速从动齿轮通过花键与驱动轴连接，并靠驱动轴支承。前驱动轮通过螺栓安装在驱动轴上，由驱动轴驱动，产生驱动力。

立轴套管上端通过螺栓装有上轴承盖，侧边通过螺栓安装在左半轴套管上，因此相对固定。上轴承盖的外圆柱与立轴套管的下端外圆柱同轴线，形成了供前轮转向所需的相对主销固定轴，而立轴套管的下端就装入左边减速壳体的配合孔中，并由左转向臂从上端与左边减速壳体固连，与上轴承盖动连且可相对转动。这样，来自转向系统的转向动力就可通过左转向臂传至左边减速壳体，带动左边减速壳体绕主销旋转，则安装在左边减速壳体中的驱动轴也一起随之旋转，从而带动前驱动轮转向。

2）行星机构式前最终传动

图 4.21 所示为行星机构式前最终传动。其主要由动力传递件十字轴万向节和行星减速机构、转向结构件转向主销和转向节、驱动轮安装件前驱动轮毂和前驱动轮毂支座等组成。其中，驱动轴与十字轴万向节的外万向节叉是整体加工制作而成的。

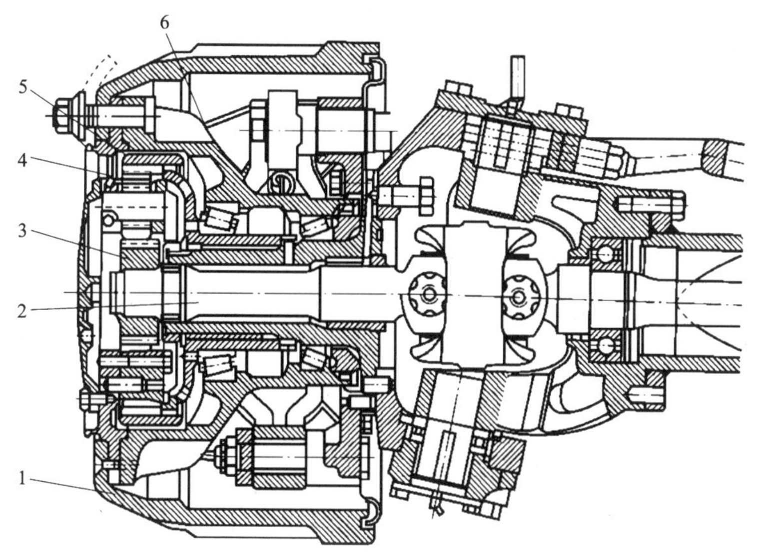

图4.21　行星机构式前最终传动

太阳齿轮内花键孔与半轴的外侧花键轴相配合，半轴旋转时，将差速器传来的动力传给太阳齿轮。与太阳齿轮啮合的是5个行星齿轮，5个行星齿轮轴与减速器罩及行星齿轮架上的相应轴孔静配合，且同时与齿圈啮合。太阳齿轮带动行星齿轮自转、公转，行星齿轮轴随着公转，通过行星架带动车轮旋转，起到减速作用。

前最终传动内各机件及轮毂轴承是依靠飞溅润滑的。在减速器罩的端面上用螺栓固定着端盖，在端盖上有加油螺孔，减速器罩的边缘开有放油螺孔，平时用螺塞封闭。为防止密封元件因减速器内压升高而漏油，该减速器内腔与驱动桥壳内腔相通，驱动桥壳上又有一通气孔，保证两内腔与大气相通。

任务实施

实施前驱动桥拆装作业

与后桥类似，前驱动桥构造主要以箱体、齿轮、轴套类零件为主。其拆装方式也大同小异。

1. 前驱动桥的使用与维护

(1) 定期检查、紧固、传动轴支架、前中央传动、差速器和最终传动等处的连接螺栓。

(2) 定期检查前驱动桥壳和最终传动壳的润滑油量，不足时及时加入合格的润滑油，润滑油要定期更换。

(3) 进行水田作业时，应检查最终传动油封的密封情况。如已损坏或严重磨损，应更换。

(4) 定期或根据需要检查各轴承间隙和中央传动的啮合情况。如发现中央传动齿轮齿面严重剥落、有裂纹和过度磨损时,应及时成对更换齿轮。

2. 前驱动桥的拆装

进行前驱动桥拆装作业前,要做好前期技术资料熟悉、工量具及安全操作准备工作,然后进行相关作业。

前驱动桥拆装作业主要包括分动箱与传动轴的在机拆装、前最终传动的拆装、前中央传动的调整与拆装等。前驱动桥拆装主要是轴、套、销类零件的拆装,这些零件之间有些是过渡或过盈紧配合。拆装这些零件时,不能生硬敲击,特别是轴承拆装,一般需要用专用工具。

前驱动桥的拆装作业工单见表 4.2。

思考与练习

(1) 分动箱和传动轴各有何作用?

(2) 请简要编写分动箱(实训室某型号拖拉机)的主要拆装步骤。

(3) 请简述行星机构式前最终传动的调整内容及方法。

(4) 万向节有何功用?

任务检查与评价

表 4.2 前驱动桥的拆装作业工单

型号	编号	上次保养日期	行驶时间/h	保养日期
说明：认真阅读本拖拉机图册，准备好相应的工具、量具、专用工具及其他辅助设备。				

序号	操作内容	操作说明	所需工具
10	拆下前驱动桥连接件	① 拆开蓄电池负极电缆。 ② 拆下前配重。 ③ 拧下螺栓，拆下传动轴护罩。 ④ 拆下传动轴前端套筒	扳手、专用工具
20	拆下转向油缸油管接头及前轮	用吊带或尼龙吊索将前驱动桥升起，将一个台架放到发动机油底壳下面。拆下转向油缸油管接头，拆开两根软管并拆下前轮	扳手、专用工具
30	拧下前驱动桥后支架固定螺栓	拧下前驱动桥后支架固定螺栓	扳手、专用工具
40	拧下前驱动桥前支架固定螺栓	拧下前驱动桥前支架固定螺栓并拆下前驱动桥	扳手、专用工具
50	将前驱动桥安装在万能支架上	将前驱动桥总成牢靠地固定在万能支架上	扳手、专用工具
		（表格根据需要添加）	
建议事项：			

检查：

(1) 任务准备是否充分；

(2) 任务工单的完成情况；

(3) 对前驱动桥的整体认知情况；

(4) 整理设备和现场；

(5) 优化与创新。

评估：

续表

考评项目	自我评估	组长评估	教师评估	权重分
劳动纪律				5
安全、环境意识				5
任务方案				5
实施过程				15
工量具使用				5
完成情况				15
分工与协作				10
创新思路				10
综合评价				30
合计				100

操作者签名：　　组长签名：　　教师签名：

任务4.3　驱动桥故障诊断与排除

任务目标

(1) 了解拖拉机驱动桥常见故障现象。

(2) 能分析拖拉机驱动桥常见故障产生的原因。

(3) 能正确、有效地排除拖拉机驱动桥常见故障。

(4) 培养学生的综合应用能力和团队协作意识。

(5) 锻炼学生具体问题具体分析并解决实际问题的能力。

任务准备

驱动桥工作时，驱动桥内零件的相对运动非常频繁，零件本身也承受着各种力的作用，因此，驱动桥也是一种易发病的总成。

目前，拖拉机驱动桥常见的故障有驱动桥漏油、驱动桥内有噪声以及驱动桥过热等。

1. 驱动桥漏油

拖拉机在使用过程中，由于驱动桥壳体内中央传动、差速器等有高速运动的齿轮及轴承，需要对这些零件进行冷却及润滑，因此在壳体中加有润滑油。如果驱动桥壳体各连接处密封不好，就会造成这些润滑油从壳体中渗漏出来。漏油后驱动桥差速器会因缺油而无法正常工作，并且如果挂挡困难或挂不上挡会严重影响运行，同时漏油还会对环境造成污染，因此，应及时进行诊断检查，排除故障，避免事故的发生。

1）故障现象

从驱动桥加油口、放油口螺塞处或差速器油封处、中央传动壳与后桥壳接口处往外渗油。各接合面处可见到明显漏油痕迹。

2）诊断方法

(1) 将拖拉机停在平地上，将漏油处用干净毛巾擦干净后，查看是否有新的渗、漏油出现。

(2) 检查各加油口、放油口螺塞是否松动；连接处的密封垫是否损坏；通气孔是否堵塞。

(3) 检查油封是否磨损、损坏或装反。

3）故障分析

导致驱动桥漏油的故障原因很多，综合分析主要可能有以下一些情况。

(1) 润滑油加注过多或者油的品级不正确。拆下检视孔螺塞，如有油流出，则为油位过高。润滑油的品级必须按设备使用说明书执行。

(2) 油封等密封件磨损或损坏,不能起到密封作用。

(3) 配合法兰松动或损坏,使其在使用过程中不能有效地使密封件密封。

(4) 轴颈与油封处磨损过大,造成渗漏。

(5) 螺栓多次拆卸导致螺纹孔间隙大。

(6) 通气孔堵塞。

(7) 油封、衬垫等材料老化、变质。

(8) 螺栓松动导致接合面不严密。

(9) 放油螺栓松动或壳体有裂纹。

2. 驱动桥内有噪声

拖拉机在行驶过程中,在驱动桥中发出不应该有的金属撞击声响。

1) 故障现象

(1) 拖拉机在行驶过程中,在驱动桥中发出的异常声响随着车速的提高而增大。

(2) 拖拉机在行驶时驱动桥有异常声响,而脱挡滑行时异常声响消失。

(3) 拖拉机在行驶时驱动桥有异常声响,脱挡滑行时也有异常声响。

(4) 拖拉机在直线行驶时无异常声响,只在转向时有异常声响。

(5) 拖拉机在上下坡时有异常声响。

2) 故障分析

(1) 油位太低或油的品级不正确,导致润滑效果差。

(2) 差速器轴承松动或磨损,驱动桥半轴轴承磨损,主动锥齿轮和从动锥齿轮之间的间隙过大等因素导致各运动部件撞击。

(3) 装配调整时不按技术规范,齿的啮合位置不符合要求。这些不规范的啮合就会使汽车行驶时发出噪声,尤其是在高速行驶或下坡滑行时更为明显。

(4) 保养不良所致。不按规定进行保养,就会使齿轮润滑油中进入铁屑及脏物,发生堵塞,造成轴承缺油,使齿轮的磨损加剧,啮合间隙变大,从而发出异响。

(5) 操作不当所致。猛抬离合器进行强行越坑或超载,大坡度起步,此时齿轮因受冲击力过大造成打齿而发出声响。

3. 驱动桥过热

拖拉机在行驶过程中,驱动桥中出现了不应出现的发热现象。

1) 故障现象

驱动桥过热的表现就是拖拉机行驶一段时间后,驱动桥壳中部或中央传动壳有无法忍受的烫手感。

2) 诊断方法

拖拉机行驶一段时间后,用手触摸后桥壳,发现过热,或者用红外线测温仪测后桥壳的表面温度。若发现超过 85 ℃,则为过热。

3）故障分析

(1) 主动锥齿轮和从动锥齿轮的啮合间隙过小,止推片与齿轮背隙过小以及其他各齿轮间的啮合间隙过小。

(2) 装配各支承轴承时,预紧度过高。

(3) 齿轮油变质、油量不足或用油不符合要求。

(4) 拖拉机超载工作。

(5) 中央传动壳在使用中变形,使轴承的运行阻力增大。

(6) 油封过紧或各运动副、轴承滑片产生干摩擦或半干摩擦。

实施驱动桥故障诊断与排除作业

进行驱动桥故障诊断与排除作业前,要做好前期技术资料熟悉、工量具及安全操作准备工作,然后进行相关作业。

驱动桥漏油故障诊断与排除作业工单见表 4.3。

思考与练习

(1) 试述中央传动噪声增大的原因及排除方法。

(2) 试述中央传动轴承过热的原因及排除方法。

(3) 试述某拖拉机前驱动轮摆动的故障诊断与排除方法。

项目 4　习题

任务检查与评价

表 4.3　驱动桥漏油故障诊断与排除作业工单

型号	编号	上次保养日期	行驶时间/h	保养日期
说明：认真阅读本拖拉机图册，准备好相应的工具、量具、专用工具及其他辅助设备。				

序号	操作内容	操作说明	所需工具
10	检查检视孔油液多少及质量	拆下检视孔螺塞，如有油流出，则为油位过高。对照检查油品是否合格	扳手、专用工具
20	检查配合法兰及螺栓是否松动	① 摇动配合法兰，检查螺栓是否松动，是否损坏。 ② 拧动螺栓时是否有滑丝现象，螺栓是否多次拆卸导致螺纹孔间隙大。 ③ 检查加油口、放油口螺塞是否松动，壳体是否有裂纹	扳手、专用工具
30	检查油封及垫圈	① 拆下来的油封、衬垫是否发硬、发干。 ② 检查油封（密封件）是否磨损或损坏，是否有密封效果	专用工具
40	检查轴颈是否磨损	各连接螺栓拧紧后且更换油封后仍有渗漏，轴颈与油封处磨损过大，造成渗漏	扳手、专用工具、检具
50	检查通气孔	检查通气孔是否堵塞	专用工具
		（表格根据需要添加）	
建议事项：			

检查：
(1) 任务准备是否充分；
(2) 任务工单的完成情况；
(3) 对驱动桥故障的认知情况；
(4) 整理设备和现场；
(5) 优化与创新。
评估：

续表

考评项目	自我评估	组长评估	教师评估	权重分
劳动纪律				5
安全、环境意识				5
任务方案				5
实施过程				15
工量具使用				5
完成情况				15
分工与协作				10
创新思路				10
综合评价				30
合计				100

操作者签名：　　　　组长签名：　　　　教师签名：

项目 5
制动系统的拆装与维修

项目描述

拖拉机制动系统是拖拉机上不可或缺的重要机构。它用来强迫拖拉机迅速降速并停车，保证斜坡停车和固定作业，履带式拖拉机的制动系统还用来协助转向以减小转弯半径。本项目主要进行制动系统的拆装、制动系统操纵机构的检修，以及制动不灵或制动力矩不足、单边制动、制动复位不灵、摩擦衬片烧损和制动跑偏等典型故障的诊断与排除的作业。

项目任务

(1) 制动系统的拆装与维护。
(2) 制动系统操纵机构的检修。
(3) 制动系统的故障诊断与排除。

项目目标

(1) 能描述制动系统的用途及工作原理。
(2) 能选择适当的工具拆装拖拉机制动系统。
(3) 能有效地对制动系统零部件进行检修。
(4) 会诊断和排除拖拉机制动系统的故障。
(5) 培养学生严谨务实的工匠精神。
(6) 培养学生的质量意识和诚信意识。
(7) 树立安全文明生产意识和环境保护意识。
(8) 锻炼学生具体问题具体分析并解决实际问题的能力。

任务5.1 制动系统的拆装与维护

任务目标

(1) 了解制动系统的基本功用、类型、组成及工作原理。
(2) 了解典型拖拉机制动系统的结构。
(3) 能选用适当工具对拖拉机制动系统进行拆装及维护。
(4) 培养学生严谨务实的工匠精神。
(5) 培养学生的质量意识和诚信意识。

任务准备

拖拉机制动系统是保证拖拉机安全作业不可或缺的重要机构。它用来强迫拖拉机迅速降速并停车,保证斜坡停车和固定作业,履带式拖拉机的制动系统还用来协助转向以减小转弯半径。

轮式拖拉机大都使用摩擦式制动器,利用制动器摩擦力使驱动轮转速迅速降低或降低至零。

1. 制动系统的功用

拖拉机在行驶中经常需要减速甚至紧急停车,下坡行驶时需要控制车速并保持稳定行驶,使已停止的车辆不受坡路影响保持静止不动等。拖拉机在田间作业时,常利用单边制动来协助转向,配合离合器安全并可靠地挂接农机具。

因此,制动系统的功用一般应包括制动可靠、制动稳定、制动平顺、操纵轻便、散热性能好等,并能做到:

(1) 根据道路状况,使拖拉机减速或在最短距离内停车;
(2) 拖拉机行走时限制车速,保持行驶的稳定、安全;
(3) 使车辆可靠地驻车停放;
(4) 协助或实现拖拉机转向。

2. 制动系统的类型

拖拉机制动系统按作用分为行车和驻车制动系统,按制动能源分为人力、动力和伺服制动系统。

目前，生产的拖拉机不管是轮式还是履带式的，为协助转向，对两侧驱动轮都设置一套独立的制动系统，既能联合操纵，又能单独操纵。

3. 制动系统的组成

任何制动系统都由供能装置、控制装置、传动装置及制动器 4 个基本部分组成，如图 5.1 所示。制动器是用来对运动件产生阻力并使运动件快速减速或停止转动的装置，制动系统操纵机构则是控制制动器发挥制动作用的机构。

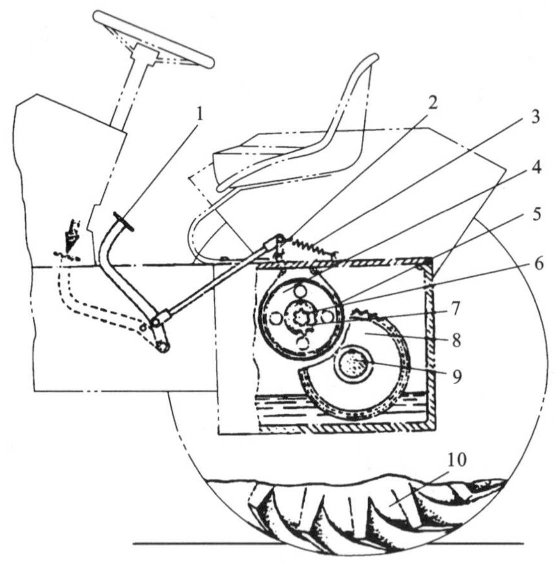

1—踏板；
2—杠杆；
3—回位弹簧；
4—制动鼓；
5—制动带；
6—半轴；
7—最终传动主动齿轮；
8—最终传动从动齿轮；
9—驱动轮轴；
10—驱动轮

图 5.1　拖拉机制动系统的组成

1）供能装置

供能装置包括供给、调节制动所需能量及改善传能介质状态的各种部件。其中，产生制动能量的为制动能源。人的肌体也属于制动能源。

2）控制装置

控制装置包括制动踏板、制动阀等产生制动动作和控制制动效果的各种部件。

3）传动装置

传动装置包括制动主缸和制动轮缸等将制动能量传输到制动器的各个部件。

4）制动器

制动器包括产生制动摩擦力矩的部件。

另外，较为完善的制动系统还有制动力调节装置、报警装置和压力保护装置等附加装置。

4. 制动系统的工作特点

图 5.2 所示的制动系统的工作原理如下：当操纵制动踏板进行制动时，推杆便推动主缸

活塞,迫使制动油液经油管进入制动轮缸,制动液便推动轮缸活塞克服制动蹄回位弹簧的抗拉力,使制动蹄绕支承销转动而张开,消除制动鼓与制动蹄之间的间隙后紧压在制动鼓上。这样不旋转的制动蹄摩擦片对旋转着的制动鼓就产生了一个摩擦力矩,摩擦力矩大小取决于轮缸的张开力、摩擦片的摩擦系数、制动鼓和制动器的尺寸,制动鼓将力矩传给车轮后,由于路面与车轮的附着作用,车轮即对路面作用一个向前的力,路面就给车轮一个向后的反作用力,这个力就使拖拉机减速,直至停车。

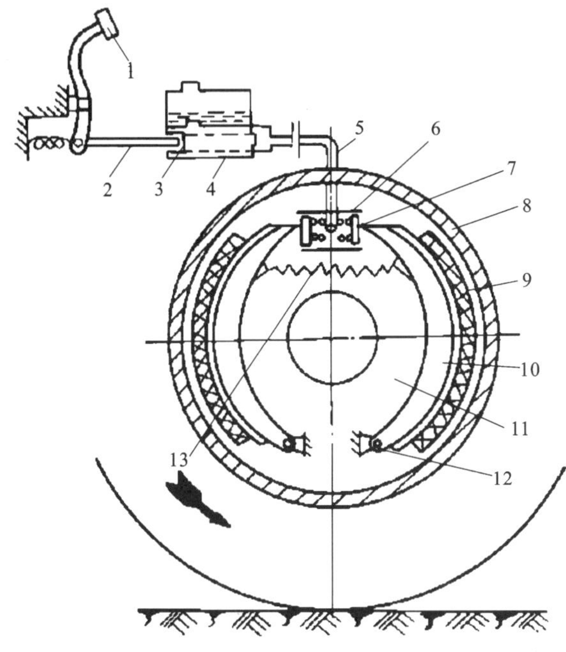

1—制动踏板;
2—推杆;
3—主缸活塞;
4—制动活塞;
5—油管;
6—制动轮缸;
7—轮缸活塞;
8—制动鼓;
9—摩擦片;
10—制动蹄;
11—制动底板;
12—支承销;
13—制动蹄回位弹簧

图5.2　制动系统的组成与工作原理

当放松制动器踏板解除制动后,制动轮缸中的制动油液在制动蹄回位弹簧的作用下倒回到主缸,制动蹄与制动鼓的间隙得到恢复,从而解除制动。

5. 典型制动器构造

拖拉机上设置的制动器大都是摩擦式制动器。它由制动件和旋转件始终和驱动轮连在一起转动,而制动件与拖拉机的机体是固连在一起的。

根据制动件形状的不同,摩擦式制动器可分为带式、鼓式和盘式三种类型。按安装位置不同,其可分为车轮制动器和中央制动器。车轮制动器用于行车制动和驻车制动,中央制动器只用于驻车制动和缓速制动。

1）带式制动器

带式制动器的旋转元件是与车轮相连的制动鼓,制动元件是一铆有摩擦衬片的钢带。带式制动器尺寸紧凑、构造简单,但制动时轮轴受力较大,操纵费力,摩擦面上压力分布不均,制动过程不够平顺,磨损也不均匀,散热性较差。由于它利用转向离合器的从动鼓作为制动鼓,便于结构布置,带式制动器主要用在履带式拖拉机上;在轮式拖拉机上,常用带式制动器作为驻车制动器。

带式制动器的安装形式如图 5.1 所示。根据制动时制动带拉紧方式的不同,带式制动器可分为单端拉紧、双端拉紧和浮动三种形式,如图 5.3 所示。它们的制动效果有所不同。

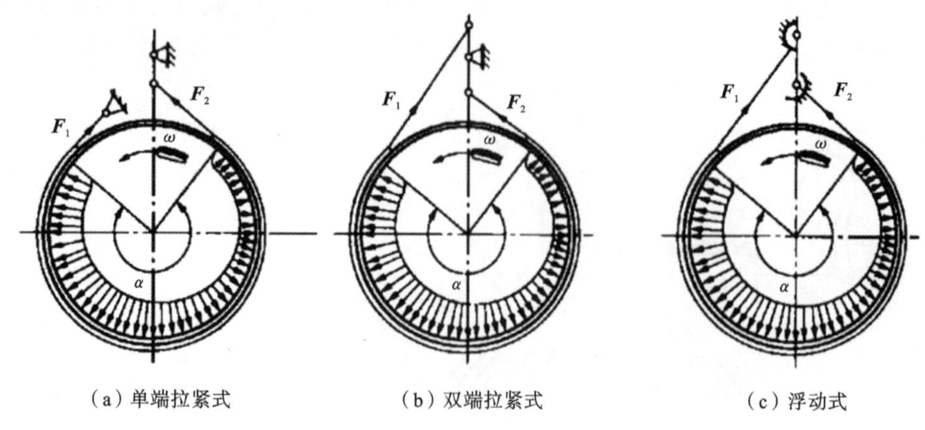

(a) 单端拉紧式　(b) 双端拉紧式　(c) 浮动式

图 5.3　带式制动器类型

(1) 单端拉紧式带式制动器。

如图 5.3(a)所示,单端拉紧式带式制动器一端铰链固定,另一端由杠杆操纵。拖拉机向前行驶时,制动鼓沿逆时针方向旋转,当制动带接触制动鼓后,摩擦力首先使固定端的制动带进一步拉紧,故固定端拉力 F_1增大,而操纵端的制动带有放松的趋势,故操纵端拉力 F_2减小;倒退行驶时,制动鼓沿顺时针方向旋转,固定端与操纵端拉力的变化与前行时的刚好相反,即固定端拉力 F_1减小,操纵端拉力 F_2增大。

因此,拖拉机在向前行驶时,制动器有自行增力效果,操纵省力;倒退行驶时,操纵费力,一般比前进时增大 5～6 倍。一般情况下,不制动时制动鼓与制动带之间有 2～2.5 mm 的制动器间隙。

(2) 双端拉紧式带式制动器。

如图 5.3(b)所示,双端拉紧式带式制动器的两端都分别与操纵机构传动杆相连。因此,当制动时制动带两端同时拉紧,无论是前进制动还是倒退制动,都是一半费力而另一半省力,制动过程较单端拉紧式的平顺些。由于双端拉紧消除了制动带与制动鼓之间的间隙,所需踏板行程减小,因此,可增大操纵机构的传动比,减小操纵力。

(3) 浮动式带式制动器。

如图 5.3(c)所示,浮动式带式制动器制动带两端均与杠杆铰链连接,无固定支点。制动时,当制动带接触制动鼓时,在摩擦力的带动下,制动带连同传动杆一起,顺着制动鼓旋转方向转动,直到制动带一端靠在其邻近的支点上成为固定端,此时成为单端拉紧式带式制动器。若制动鼓旋转方向改变,制动带另一端变成固定支点,仍然成为单端拉紧式带式制动器。因此,浮动式带式制动器无论是前进制动还是倒退制动,操纵都省力。其缺点是构造比较复杂。

2) 鼓式制动器

鼓式制动器又称为蹄式制动器,其旋转元件是与车轮相连的制动鼓,制动元件是两块外圆表面铆有摩擦材料、形似马蹄的制动蹄，如图 5.2 所示。

鼓式制动器按控制制动蹄张开装置结构形式的不同，可分为轮缸式、凸轮式和楔式制动器。

鼓式制动器按其受力特点的不同，可分为简单非平衡式、平衡式和自动增力式制动器等。

鼓式制动器按制动蹄属性的不同，可分为双领蹄式、领从蹄式、双向双领蹄式、双从蹄式、单向增力蹄式及双向增力蹄式制动器等。

(1) 非平衡式制动器。

非平衡式制动器是指制动鼓所受来自二蹄的法向力不能互相平衡的制动器。图 5.4 所示为简单非平衡式制动器示意图。当制动鼓沿逆时针方向旋转制动时，制动鼓内表面与张开的制动蹄接触产生摩擦力，左蹄上摩擦力 F_{x_1} 使左蹄进一步压紧制动鼓，而右蹄上的摩擦力F_{x_2}有使右蹄离开制动鼓的趋势。因此，左蹄上所受的摩擦力和法向力都大于右蹄的。左蹄的摩擦片磨损较多，故摩擦片设计时其要比右蹄长些。

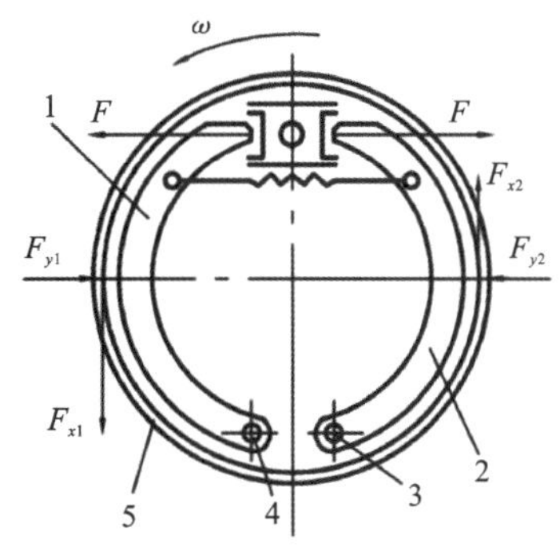

1　前制动领蹄；
2　后制动从蹄；
3,4　支承销；
5　制动鼓

图 5.4　简单非平衡式制动器示意图

图 5.4 中，一个蹄在轮缸促动力作用下张开时的旋转方向与制动鼓的旋转方向一致，称为领蹄，也称为增势蹄或紧蹄；另一个蹄张开时的旋转方向与制动鼓的旋转方向相反，则称为从蹄，也称减势蹄或松蹄。

在摩擦力的作用下，领蹄和鼓之间的正压力较大，制动作用较强。在摩擦力的作用下，从蹄和鼓之间的正压力较小，制动作用较弱。

在制动鼓正向旋转和反向旋转时都有一个领蹄和一个从蹄的制动器，也称为领从蹄式制动器。

(2) 平衡式制动器。

为提高制动效能，将前后制动蹄均设计为领蹄的制动器，称为平衡式制动器。平衡式制动器可分为单向助势平衡式和双向助势平衡式两种类型。单向助势平衡式制动器是指只在前进制动时两蹄为助势蹄，倒退制动时两蹄均为减势蹄；双向助势平衡式制动器是指在前进制动和倒退制动时两蹄都是助势蹄。

图 5.5(a)所示为单向助势平衡式制动器。

两制动蹄独自用一个单活塞的制动轮缸，两个轮缸用油管相连。这样前进制动时，制动鼓沿逆时针方向旋转制动，两蹄都是助势蹄，制动效能得到提高，但是，倒退制动时两制动蹄都是减势蹄。

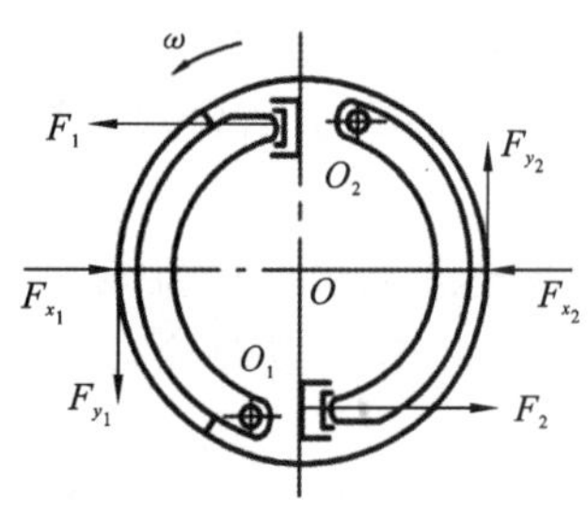

（a）单向助势平衡式制动器

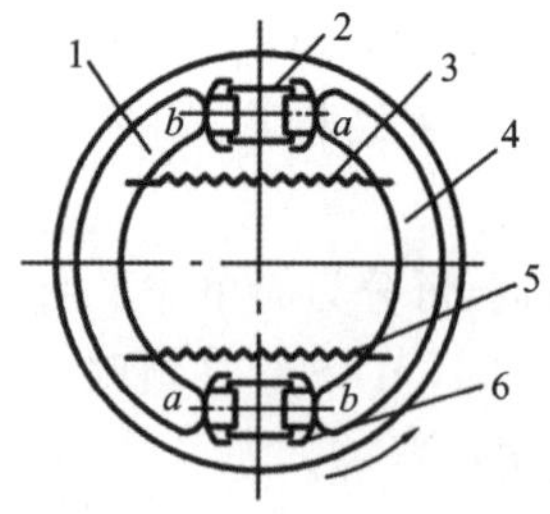

（b）双向助势平衡式制动器

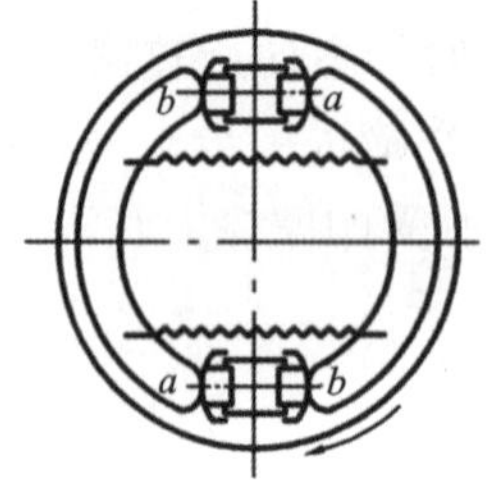

（c）双向助势平衡式制动器

图 5.5　平衡式制动器示意图

1—制动底板；
2,6—制动轮缸；
3,5—回位弹簧；
4—制动蹄

图 5.5(b)、(c)所示为双向助势平衡式制动器，对称的两个轮缸内装入两个双向活塞，这样车辆前进制动或倒退制动时均得到相同且较高的制动效能。

在对称的两个轮缸内装入两个双向活塞，制动底板上的所有零件都是对称布置的，包括固定元件、制动蹄、制动轮缸及回位弹簧等。两制动蹄的两端采用浮式支承，用回位弹簧拉紧。这样拖拉机在制动时得到相同且较高的制动效能；当拖拉机前进制动时，两个制动轮缸两端的活塞在液压力作用下均张开并将两个制动蹄靠压在制动鼓上，在摩擦力的作用下，两蹄开始都沿车轮旋转方向转动，从而将两轮缸活塞其中的各一对称端支座推回，如图 5.5(b)、(c)所示的 a 端，直到顶靠着轮缸端面成为刚性接触为止，于是两蹄便均在助势的条件下工作；同理，倒退制动时，两轮缸的另一端即图 5.5(b)、(c)所示的 b 端支座成为制动蹄的支点，两蹄同样成为助势蹄，产生与前进制动时效能完全一样的制动效能。

(3) 自动增力式制动器。

自动增力式制动器可分为单向自增力和双向自增力两种类型。

如图 5.6 所示，单向自增力式制动器是两个制动蹄只有一个单活塞制动轮缸，第 2 制动蹄的促动力来自第 1 制动蹄对顶杆的推力，两个制动蹄在拖拉机前进时均为领蹄，在倒退时产生的制动力很小。

双向自增力式制动器是两个制动蹄上有一个双活塞制动轮缸，轮缸上还有一个制动蹄支承销，两制动蹄的下方用顶杆相连。无论是前进还是倒车，都与单向自增力式制动器相当，故称双向自增力式制动器。

双向自增力式制动器的结构原理如图 5.7 所示。

3）盘式制动器

图 5.8 所示为盘式制动器。盘式制动器摩擦副中的固定元件是形似钳形的制动钳，旋转元件是以端面为工作表面的金属圆盘，称为制动盘。

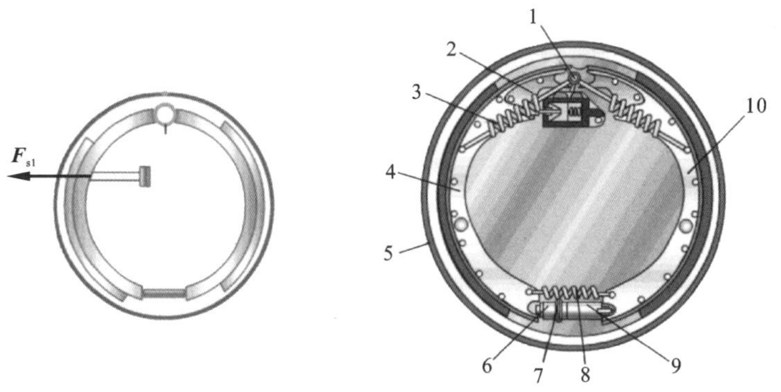

1—支承销；
2—夹板；
3—制动蹄回位弹簧；
4—第1制动蹄；
5—制动鼓；
6—顶杆套；
7—调整螺钉；
8—拉紧弹簧；
9—可调顶杆体；
10—第2制动蹄

图5.6　单向自增力式制动器

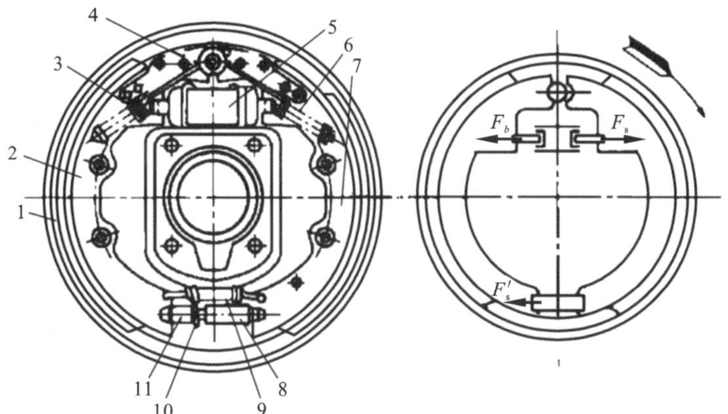

1—制动底板；
2—后制动蹄；
3—后蹄回位弹簧；
4—夹板；
5—制动轮缸；
6—前蹄回位弹簧；
7—前制动蹄；
8—可调推杆体；
9—拉紧弹簧；
10—调整螺钉；
11—推杆套

图5.7　双向自增力式制动器的结构原理

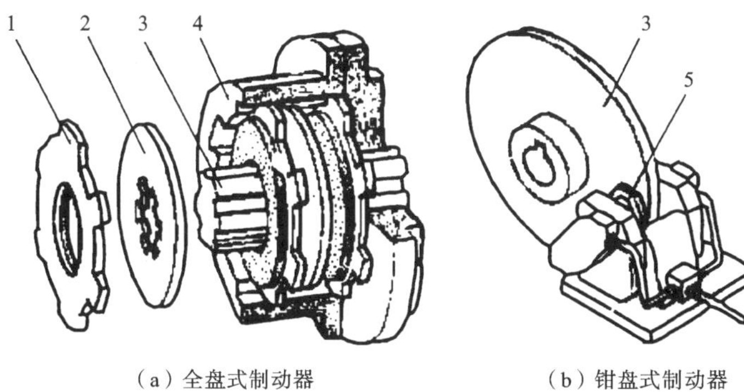

（a）全盘式制动器　　（b）钳盘式制动器

1—定圆盘；
2—动圆盘；
3—制动盘；
4—固定壳体；
5—制动块

图5.8　盘式制动器

根据制动盘接触面的大小，盘式制动器可分为全盘式制动器和钳盘式制动器。前者以环形摩擦片的较大盘面积与制动盘接触；后者的制动元件只与制动盘的一小部分接触，产生制动力。其中，前者常用在拖拉机上，后者在汽车上应用较多。

我国轮式拖拉机上用得较多的是机械传动全盘式制动器，其结构简图如图5.9所示。两制动盘装在旋转轴上并与轴一起旋转且可轴向移动，盘上两面铆有摩擦材料，故又称为摩擦盘。两制动盘之间夹装两块环形压盘，压盘的环形表面上在圆周方向开有若干均匀分布的球面斜槽。两压盘合在一起后，两压盘上的斜槽方向应相反。在斜槽中放进圆球，两压盘间用弹簧拉紧。每一压盘上有一铰链点和两凸耳，铰链点上连接连杆，与操纵杠杆相连，凸耳与制动器壳体上的凸肩压靠。

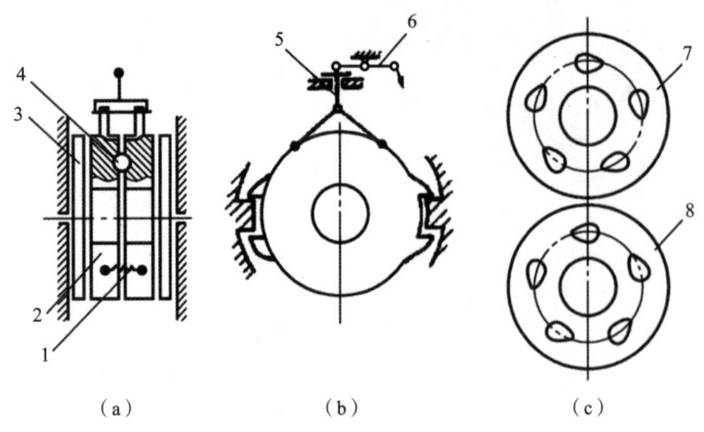

1—拉紧弹簧；
2—压盘；
3—制动盘；
4—钢球；
5—拉杆；
6—制动杠杆；
7—前压盘；
8—后压盘

图 5.9　机械传动全盘式制动器结构简图

如图 5.10(a)所示，假设制动前旋转轴沿逆时针方向转动，制动时，操纵制动踏板使制动杠杆左端向上移动，经连杆拉动前压盘沿逆时针方向转动，而后压盘沿顺时针方向转动，这时钢球向斜槽的浅处移动，因而两压盘向外张开，逐渐压紧制动盘而起制动作用，如图 5.10(b)所示。开始压紧后，压盘与制动盘之间就产生圆周摩擦力，该摩擦力将带动两压盘沿旋转轴原来的旋转方向旋转。但旋转某一角度后，后压盘上的凸耳压靠在壳体的凸肩上后(见图 5.10(c))，后压盘不能再旋转，摩擦力将带动前压盘继续沿逆时针方向旋转，钢球将向斜槽的更浅处移动(见图 5.10(d))，压盘将更向外张开，因而将制动盘压得更紧，并且这种制动器是有自行助力作用的。

5.1　全盘式制动器的拆装

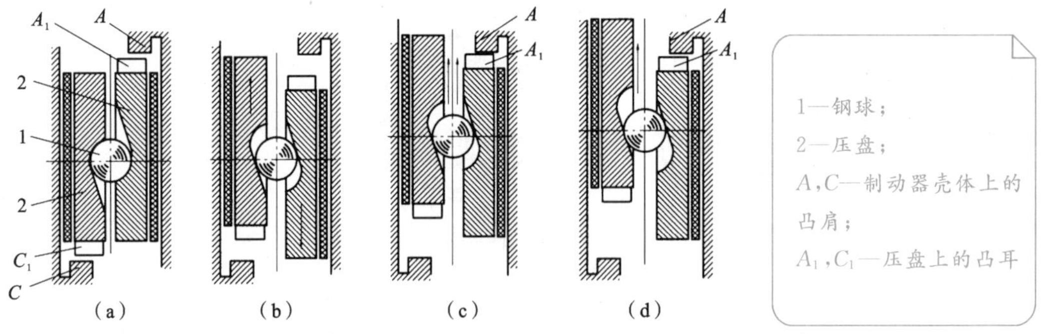

图 5.10　盘式制动器的制动过程简图

如果旋转轴原来沿顺时针方向旋转，在制动时，前压盘的凸耳压靠在壳体的凸肩上，摩擦力将带动后压盘继续沿顺时针方向旋转，压盘将进一步压紧制动盘，因而同样有自行助力作用。

在使用过程中制动间隙增大后，可通过调整图5.9中拉杆5的长度来调整制动间隙。但这时，自行助力作用延迟。如制动间隙太大，甚至可能不再起自行助力作用。

为了改善盘式制动器的性能和延长它的使用寿命，近年来国外的一些拖拉机上采用了湿式盘式制动器，其结构原理与摩擦离合器的相似。

湿式盘式制动器的摩擦片一般采用铜基粉末冶金材料，许用单位压力远较石棉摩擦片的高。整个制动器浸在油中，散热能力强，磨损小，制动平顺。但摩擦片由于浸在油中，摩擦系数较低。在大功率拖拉机上利用增加摩擦片数目来增大制动器制动力矩，利用减小各片间的间隙来保证合适的制动踏板制动行程。其各片间的间隙为0.1～0.2 mm。

全盘式制动器具有制动效能高、操纵轻便等优点；也存在构造较复杂、散热条件差、个别零件加工要求高、制动过程不够平顺等缺点。

盘式制动器与鼓式制动器相比有以下特点：热稳定性好，受热后制动盘只沿径向膨胀，不影响制动间隙；摩擦表面为平面，不易发生较大变形，制动力矩较稳定；受水浸渍后，在离心力的作用下水很快被甩干，摩擦片上的剩水也由于压力高很容易被挤出；制动间隙小，便于自动调整间隙；制动力矩与拖拉机行驶方向无关，摩擦块容易检查、维护和更换。因此，盘式制动器在拖拉机上的应用日益广泛。

任务实施

实施制动系统的拆装与检修作业

制动系统的正确使用如下。

(1) 制动器不制动时，不要把脚放在踏板上，以免引起摩擦片磨损。

(2) 拖拉机进行运输作业时，必须将左、右踏板用连锁板连在一起。在坡道上长时间停车时，需要熄火挂挡，并将踏板锁定在制动位置，以防滑溜。

(3) 在正常情况下，应先分离离合器再制动；紧急制动时，分离离合器和制动器可同时进行。

(4) 气制动的使用要注意以下8点。

① 挂车气制动系统为断气控制系统时，要求与其配套的挂车，必须具备全套的断气控制刹车装置。对于只备有制动气室和制动器的给气控制刹车装置的挂车，不能直接配套使用，必须将给气控制系统改装成断气控制系统后才可以配套。

② 拖拉机带挂车运输时，应注意观察气压表的读数，储气筒内的气压不应低于0.44 MPa；否则，应使气压升高到规定值以上再开车。

③ 平时储气筒内的平衡气压应不低于0.70 MPa；否则，应调整气压调节器。当发动机停止工作时，如果气压表上读数迅速下降，表明有漏气现象，应及时检查排除。

④ 储气筒安全阀的开启压力为0.75～0.80 MPa。在使用中如发现气压表读数超过上述范围，应及时进行调整。

⑤ 使用过程中，如果拖拉机的储气筒压力正常而挂车的储气筒压力偏低，只应调整制动阀左面的调整螺钉。

⑥ 使用过程中如发现储气筒气压总是为 0.75～0.80 MPa 或在更高的范围内，开启安全阀来控制气压，说明气压调节器不起卸荷作用，应断开气压调节器与松压阀之间的气路，观察在系统达到平衡压力时气压调节器的出口是否有气体排出，若不排出，则应清洗其中的过滤毛毡。

⑦ 拖拉机带挂车进行运输作业前，必须对整个机组的制动系统工作状态进行检查，必须保证挂车的制动与拖拉机的制动同步或挂车制动略为提前，但不能滞后。必要时，可调整制动阀的调节螺钉来满足上述要求。

⑧ 为了保证系统工作良好，每工作 50 h 应拧开储气筒下面的螺塞，清除一次储气筒内的凝结物。

进行行车制动器的拆装作业前，要做好前期技术资料熟悉、工量具及安全操作准备工作，然后进行相关作业。

与变速器和驱动桥相比，制动系统更多的是盘类及套类零件。在拆装的过程中，更应关注的是各配合件间的间隙及操纵机构的影响。拆装制动系统零件时，不能生硬敲击，特别是配合件表面在拆装时应注意不要划伤，拆下来后应进行保护。

行车制动器的拆装作业工单见表 5.1。

思考与练习

(1) 简述制动器常见类型及功用。

(2) 简述鼓式制动器的工作原理。

(3) 简述钢球促动全盘式制动器的工作原理。

(4) 何谓制动器间隙？其过大或过小对制动有何影响？

任务检查与评价

表5.1 行车制动器的拆装作业工单

型号	编号	上次保养日期	行驶时间/h	保养日期
说明：认真阅读本拖拉机图册，准备好相应的工具、量具、专用工具及其他辅助设备。				

序号	操作内容	操作说明	所需工具
10	从车上拆卸制动器	① 拆下最终传动总成，断开油路。 ② 从后桥壳体上拆下制动器壳体、制动器从动盘、太阳轮轴和制动器衬盘。 ③ 检查行车制动器从动盘和制动器衬盘的磨损情况，如超出厂家规定的磨损极限，应更换。拆制动器活塞之前，在活塞和壳体上都要做好标记，以保证定位销和孔在装配时能对准	扳手、专用工具
20	从拖拉机上拆下制动器油泵	① 断开制动器油泵进油管，拆下制动压力传感器连接插头。 ② 断开制动器油泵出油管，连同踏板一起把制动器油泵总成从拖拉机上拆下。 ③ 拆解制动器油泵，检查油缸孔和活塞工作表面状况。 ④ 活塞与油缸孔的配合间隙应符合厂家维修手册中的规定。 ⑤ 检查密封圈等零件，必要时更换	扳手、专用工具
		（表格根据需要添加）	
建议事项：			

检查：
(1) 任务准备是否充分；
(2) 任务工单的完成情况；
(3) 对制动系统的整体认知情况；
(4) 整理设备和现场；
(5) 优化与创新。
评估：

续表

考评项目	自我评估	组长评估	教师评估	权重分
劳动纪律				5
安全、环境意识				5
任务方案				5
实施过程				15
工量具使用				5
完成情况				15
分工与协作				10
创新思路				10
综合评价				30
合计				100

操作者签名：　　　　组长签名：　　　　教师签名：

任务 5.2　制动系统操纵机构的检修

任务目标

（1）了解制动系统操纵机构的基本功用、类型、组成及工作原理。

（2）了解典型拖拉机制动系统操纵机构的结构。

（3）能选用适当工具对拖拉机制动系统操纵机构进行拆装及维护。

（4）培养学生的质量意识和诚信意识。

（5）树立安全文明生产意识和环境保护意识。

任务准备

制动系统操纵机构应能满足制动系统所提出的要求。制动系统操纵机构一般分为机械式、液压式和气压式三种类型，而在拖拉机上大多应用机械式和液压式操纵机构。

1. 机械式操纵机构

图 5.11 所示为铁牛-654 型拖拉机机械式操纵机构。制动踏板与制动器之间用一系列杠杆及连杆连接起来。这种机构有左、右两个制动踏板，在田间作业时，单独使用可用来协助拖拉机转向。而在道路上行驶时，用锁片将两制动踏板连成一体，使两驱动轮同时制动，

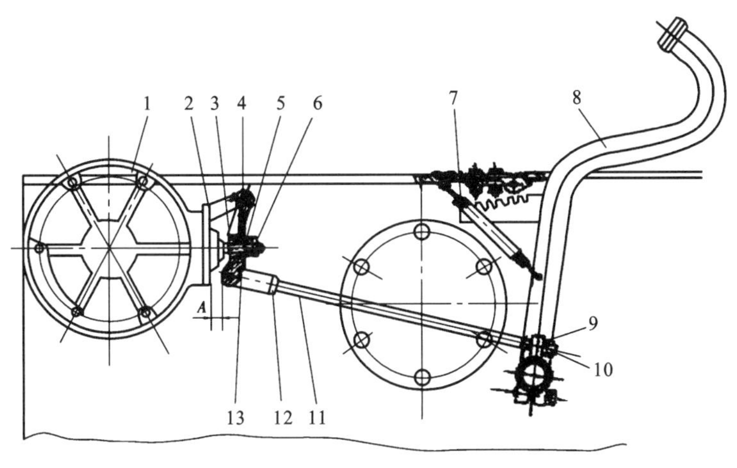

图 5.11　铁牛-654 型拖拉机机械式操纵机构

1—制动鼓；
2—支座；
3—内拉杆调节叉；
4，11—拉杆；
5—调整螺母；
6—锁定螺母；
7—回位弹簧；
8—制动踏板；
9—调整螺母；
10—锁定螺母；
12—拉杆螺母；
13—调节叉

从而保证行驶安全。为保证在坡道长时间停车时能锁定制动器踏板,踏板上设有定位爪和定位齿板。

图 5.12 所示为一种机械式操纵机构的驻车制动器。制动鼓通过螺杆与变速器第 2 轴后端的凸缘盘紧固在一起,制动底板固定在变速器第 2 轴轴承盖上,两制动蹄下端松套在偏心支承销上,制动蹄上端装有滚轮。制动凸轮轴通过制动底板支座支承在制动底板上部,其外端与摆臂的一端用细花键连接,摆臂的另一端与穿过压紧弹簧的拉杆相连。制动时,握住驻车制动杆上端头并按下按钮打开锁止棘爪,同时向上提拉制动杆。于是,传动杆左移带动摇臂转动,拉杆向下运动通过摆臂使凸轮轴转动,凸轮顶开制动蹄实现制动,此时松开按钮,驻车制动杆便被锁止在齿扇板的一个位置上。

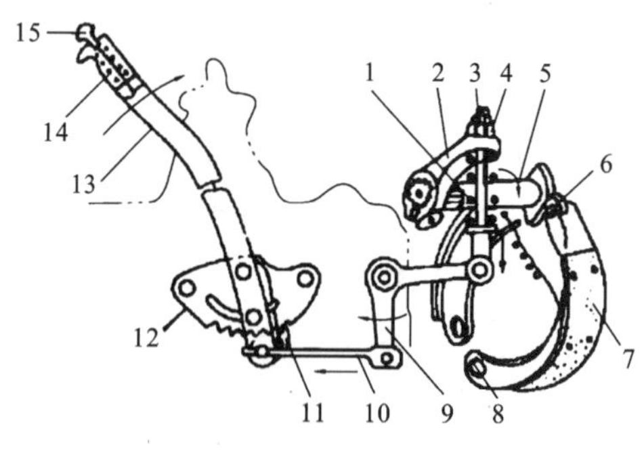

图 5.12　驻车制动器

1—压紧弹簧;
2—摆臂;3—拉杆;
4—调整螺母;
5—凸轮轴;6—滚轮;
7—制动蹄;
8—偏心支承销;
9—摇臂;10—传动杆;
11—锁止棘爪;
12—齿扇;
13—驻车制动杆;
14—拉杆弹簧;
15—按钮

2. 液压式操纵机构

液压式操纵机构是将制动踏板力转换为油液压力,通过管路传到车轮制动器的制动轮缸,制动轮缸将油液压力转变为鼓式制动器制动蹄张力使车轮制动。

液压式操纵机构具有结构简单、制动灵敏柔和、工作可靠等优点,但液压式操纵机构操纵较费力、制动力不够大,并且液压油低温下流动性差,高温下则容易产生气阻,如果有空气侵入或漏油还会降低制动效能甚至失效。因此,通常在液压式操纵机构中增设制动增压或助力装置,使制动系统操纵轻便,并增大制动力。

图 5.13 所示为简单液压式操纵机构。它由制动踏板、制动主缸、制动轮缸、油管、制动开关、比例阀及储油罐等元件组成。

简单液压式操纵机构在传力过程中对操作者的踏板力进行了增大变换,使传递到制动轮缸及制动蹄上的制动力大于踏板力。制动时,制动踏板操纵制动主缸中的活塞向左移动,主缸中的油液增压后经出油阀压出,通过油管送到各个制动器上的制动轮缸中,操纵制动器起制动作用。松开踏板解除制动时,轮缸中的油液在制动器复位弹簧的作用下流回主缸。

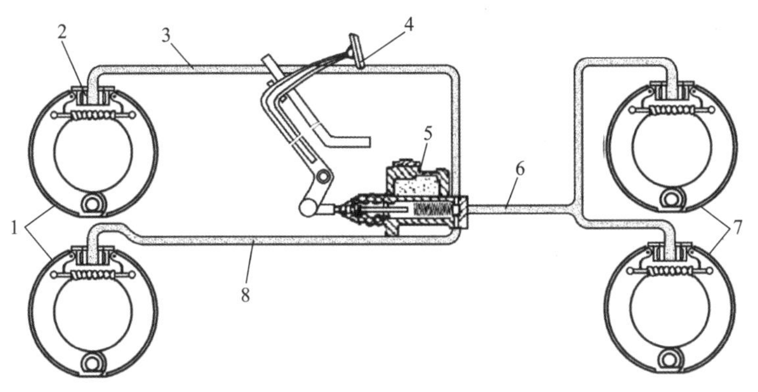

1,7—制动蹄；
2—制动轮缸；
3,6,8—油管；
4—制动踏板；
5—制动主缸

图 5.13　简单液压式操纵机构示意图

简单液压式操纵机构具有以下优点：制动安全性较好，不会因车轮跳动或悬架变形而出现自行制动现象；能将制动力正确地分配给前、后车轮；能保证左、右各轮同时制动；操纵方便，不需要润滑和经常调整等。

1）双回路液压操纵机构的组成

简单液压式操纵机构的主要缺点有：一处漏油会使制动系统全部失效，造成重大事故；制动油液在高温时可能气化、低温时可能变稠而影响制动系统正常工作。因此，越来越多地采用双回路液压操纵机构，利用彼此独立的双腔制动主缸，通过两套独立管路，分别控制车轮制动器。这样就算其中一套管路发生故障失效时另一套管路仍能继续起到制动作用，从而大大提高了制动的可靠性和安全性。

双回路液压操纵机构主要由制动踏板、双腔制动主缸和前、后车轮制动器以及油管等组成。制动主缸的前、后腔分别与前、后轮制动轮缸之间用油管连接。

图 5.14 所示为前后独立式双回路液压操纵机构。

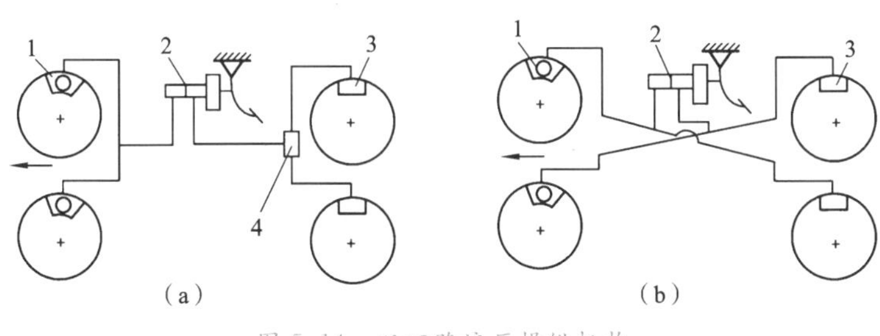

图 5.14　双回路液压操纵机构

1—盘式制动器；
2—双腔制动主缸；
3—单缸鼓式制动器；
4—制动力调节器

由双腔制动主缸通过两套独立回路分别控制车轮制动器，若其中的一套回路损坏漏油时，另一套仍能起作用。制动时，踩下制动踏板，双腔制动主缸的推杆推动主缸前、后活塞使主缸后腔油压升高，制动油液分别流至前、后车轮制动轮缸，使车轮制动。当松开制动踏板时，制动油液又压回制动主缸，从而解除制动。

交叉式双回路液压操纵机构如图 5.14(b)所示。它主要应用于对前轮制动力依赖性大的发动机前置前轮驱动车辆上。

2）制动主缸

制动主缸有单腔和双腔两种类型。拖拉机上一般采用单腔主缸。制动主缸的作用是将由踏板输入的机械推力转换成液压力。图 5.15 所示为串联双腔制动主缸的结构示意图。制动主缸的壳体内装有前活塞、后活塞及前活塞弹簧。前、后活塞分别用皮碗密封，前活塞用挡片保证其正确位置。两个储液筒分别与主缸的前、后腔相通，前、后出油口分别与前、后制动轮缸相通，前活塞靠后活塞的液压力推动，而后活塞直接由推杆推动。

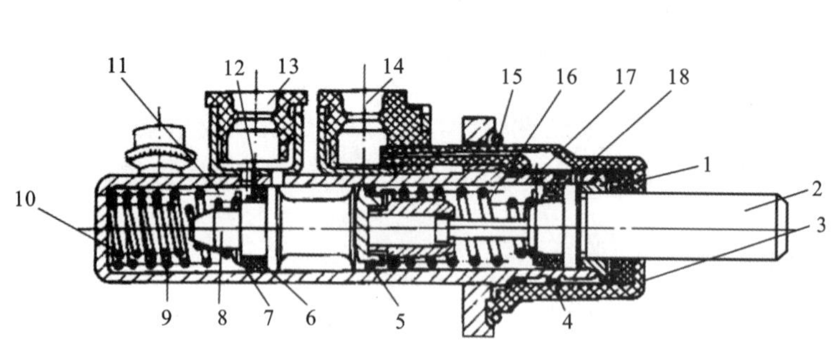

图 5.15　串联双腔制动主缸的结构示意图

1—密封套；
2—推杆；3—盖；
4—防动圈；5—后活塞；
6—垫片；7—挡片；
8—前活塞；9—弹簧；
10—缸体；11—后腔；
12—密封圈；
13，14—进油孔；
15—定位圈；
16—前腔；17—补偿孔；
18—回油孔

踩下制动踏板，主缸中的推杆向前移动，使皮碗掩盖住储液筒进油口，后腔压力升高。在后腔液压和后活塞弹簧力的作用下，推动前活塞向前移动，前腔压力也随之升高。当继续下踩制动踏板时，前、后腔的液压继续升高，使前、后制动器产生制动。

放松制动踏板，主缸中的活塞和推杆分别在前、后活塞弹簧的作用下回到初始位置，从而解除制动。

若前腔控制的回路发生故障，前活塞不产生液压力，但在后活塞液压力作用下，前活塞被推到最前端，后腔产生的液压力仍使后轮产生制动。

若后腔控制的回路发生故障，后腔不产生液压力，但后活塞在推杆的作用下前移，并与前活塞接触而推动前活塞前移，前腔仍能产生液压力控制前轮产生制动。

前活塞回位弹簧的弹力大于后活塞回位弹簧的弹力，以保证两个活塞不工作时都处于正确的位置。

在不工作时，推杆的头部与活塞背面之间应留有一定的间隙，为了消除这一间隙所需的踏板行程称为制动踏板自由行程。该行程过小则制动解除不彻底，过大将使制动失灵。双回路液压操纵机构中任一回路失效，主缸仍能工作，只是所需制动踏板自由行程增大，导致车辆的制动距离增大，制动效能降低。

3）制动轮缸

制动轮缸的作用是将主缸传来的液压力转变为使制动蹄张开的机械推力。由于车轮制动器的结构不同，轮缸的数目和结构形式也不同，通常分为双活塞式和单活塞式两类。图 5.16 所示为双活塞式制动轮缸示意图。

由铸铁铸造的缸体用螺栓固定在制动底板上，缸内有两个活塞，两个刃口相对的密封皮碗利用弹簧分别压靠在活塞上，以保持两皮碗之间的进油孔畅通。活塞外端凸台孔内压有顶

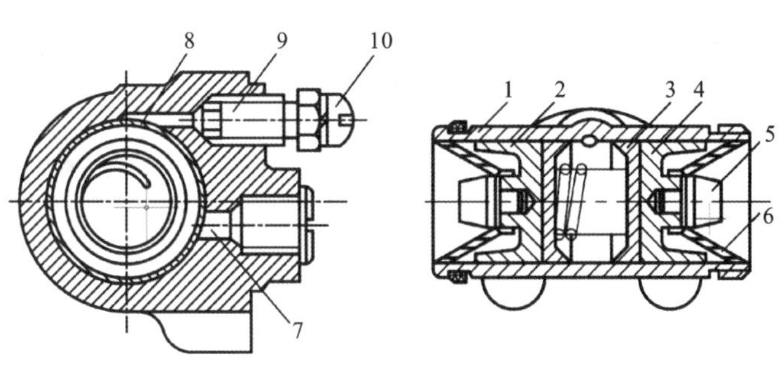

图 5.16　双活塞式制动轮缸示意图

1—缸体；2—活塞；
3—皮碗；4—弹簧；
5—顶块；
6—防护罩；
7—进油孔；
8—放气孔；
9—放气阀；
10—放气阀防护螺堵

块以与制动蹄的上端抵紧。缸体两端防尘罩用来防止尘土和水分进入，以免活塞与缸体因腐蚀而被卡死，缸体上方装有放气阀用以排放轮缸中的空气。

制动时，油液从进油孔进入缸体内，推动活塞向两侧移动，把制动蹄压在制动鼓上产生制动效果，由于制动油路中有空气进入，影响制动效果，应将空气放出，在缸体上设有排气孔，用空心放气阀的锥面堵住，为防止尘土进入，放气阀的轴向孔在一般情况下用螺堵堵住。

任务实施

实施制动系统操纵机构的调整作业

制动系统操纵机构在使用过程中，由于各连接件的变化会使操纵机构不能发生变化，因此，在使用过程中应根据使用效果进行调整。常规调整项目有制动踏板自由行程的调整、制动液压装置管路的排气等。

进行制动系统操纵机构调整作业前，要做好前期技术资料熟悉、工量具及安全操作准备工作，然后进行相关作业。

根据相关拖拉机图册，将拖拉机制动系统进行分解及组装。分解制动系统后，要对其零件进行清洗、检验，确定其技术状况。对技术状况差的零件进行修复或更换，以保证装复后制动系统的质量和性能。

5.2　制动器自由行程的检查与调整

制动踏板自由行程的调整作业工单见表5.2。

思考与练习

(1) 何谓制动踏板自由行程？

(2) 机械式与液压式操纵机构各有什么特点？

任务检查与评价

表 5.2　制动踏板自由行程的调整作业工单

型号	编号	上次保养日期	行驶时间/h	保养日期
说明：认真阅读本拖拉机图册，准备好相应的工具、量具、专用工具及其他辅助设备。				

序号	操作内容	操作说明	所需工具
10	制动踏板自由行程的检查	① 松开左、右踏板连接片。 ② 用手轻按其中一片踏板，当感觉阻力突然增加时停止下按，此时踏板水平移动距离为踏板自由行程。 ③ 用同样方法检查另一片踏板自由行程	扳手、钢直尺、专用工具
20	调整自由行程	① 松开制动连接杆外锁紧螺母，调节内调节螺母，调整时行程大则拧紧，行程小则松开，边调整边检查自由行程。 ② 调整另一踏板自由行程，将左、右制动踏板自由行程调整至基本一致	扳手、钢直尺、专用工具
30	复查自由行程	检查合格后，将调整螺母锁紧并复查自由行程	钢直尺
		（表格根据需要添加）	
建议事项：			

检查：

(1) 任务准备是否充分；

(2) 任务工单的完成情况；

(3) 对制动系统操纵机构的认知情况；

(4) 整理设备和现场；

(5) 优化与创新。

评估：

续表

考评项目	自我评估	组长评估	教师评估	权重分
劳动纪律				5
安全、环境意识				5
任务方案				5
实施过程				15
工量具使用				5
完成情况				15
分工与协作				10
创新思路				10
综合评价				30
合计				100

操作者签名：　　　　组长签名：　　　　教师签名：

任务 5.3 制动系统的故障诊断与排除

5.3 制动不良的故障诊断与排除

任务目标

(1) 了解拖拉机制动系统常见故障现象。
(2) 能分析拖拉机制动系统常见故障产生的原因。
(3) 能正确、有效地排除拖拉机制动系统常见故障。
(4) 树立安全文明生产意识和环境保护意识。
(5) 锻炼学生具体问题具体分析并解决实际问题的能力。

任务准备

制动系统的功用主要是在行驶中,使拖拉机减速或停车;在农田作业时,采用单边制动能协助拖拉机急转弯;在固定作业时,使拖拉机原地不动。若制动系统发生故障,上述功用有可能丧失,就不能保证安全生产。因此,掌握拖拉机制动系统的故障原因,就是为了更好地排除故障。

目前,拖拉机制动系统常见的故障有制动不灵或制动力矩不足、单边制动、制动复位不灵、摩擦衬片烧损及制动跑偏等。

1. 制动不灵或制动力矩不足

拖拉机在正常行驶过程中,有时会出现制动不灵或感觉制动力矩不够的现象。这种情况是相当危险的,特别是当制动是应对紧急情况时更加危险,出现这种情况一定要进行事故检查及处理。

1) 故障现象

当踩下制动踏板时,不能将拖拉机刹住,路面无拖印。严重时拖拉机照样行驶,使制动无效。

2) 诊断方法

首先在测试路面上进行制动试验,查看路面拖印情况及制动距离,再检查制动踏板自由行程是否超过规定值。

3) 故障分析

(1) 摩擦衬片沾有油污或泥水。制动器内部密封不严,如制动器盖的油封失效或油封弹簧脱落,橡胶罩损坏,使油污、尘土和泥水进入制动器内,导致摩擦衬片沾有油污或泥水,因而降低摩擦衬片的摩擦系数,使摩擦片与制动器盖和制动器壳体打滑,造成制动不灵或制动力矩不足。

(2) 摩擦衬片磨损，铆钉凸起，制动时产生的摩擦力矩过小。制动摩擦片磨损变薄后，各相对表面总间隙增大，制动踏板自由行程就会过大，引起制动不灵。

(3) 踏板自由行程过大。当摩擦片磨损严重或调整不当时，各摩擦偶件之间总的间隙增大，使相应的踏板自由行程过大，造成制动不灵，甚至失效。

(4) 制动压盘回位弹簧失效，或钢球卡死在斜槽深处。当制动器过热时，回位弹簧会退火变软而丧失弹性，钢球也会在压力下卡死在制动压盘凹槽中。

(5) 制动摩擦片装配方向有误。若制动摩擦片装反，制动时，便不是摩擦片表面与制动壳体或盖的平面接触，而是轮毂与制动壳体或盖的平面接触，使摩擦面积减小，大大降低制动效果。

2. 单边制动

拖拉机制造中左、右制动轮所使用的各自单边制动是连接在一起使用的，而在路面行驶时，左、右制动轮在使用的过程中会出现左、右制动不一致的情况，因此要进行检查和调整。

1）故障现象

将左、右制动踏板连成一体后，踩制动踏板进行制动，只有一边制动器起作用。

2）诊断方法

在测试路面上进行制动试验，观察制动过程中两驱动轮的拖印痕迹，查看拖印痕迹是否一致，是否有跑偏现象。有条件的可在专用设备上进行制动力矩的检测。

3）故障分析

(1) 左、右制动踏板自由行程不一致。

(2) 某一侧钢球卡死在压盘斜槽浅处。

(3) 某一侧压盘回位弹簧失效。

(4) 某一侧制动器内制动间隙过小。

(5) 当左、右制动器内摩擦片因磨损量不相同而使左、右制动器总间隙相差过大时，便不能保证左、右制动器同时制动。

3. 制动复位不灵

当制动器制动后，制动踏板没有回复到原来位置，或者是制动器出现自动制动现象造成无法自动复位。

1）故障现象

当加大油门时，拖拉机加速缓慢，高速挡行驶时尤甚。行驶时间稍长，制动器就发热，严重时摩擦片将烧坏。

2）诊断方法

检测路面上自动滑行情况及制动踏板自由行程。

3）故障分析

（1）制动摩擦片轮毂的花键孔与短半轴上花键配合太紧或有毛刺，将两者卡住，使压盘一直压在制动器壳体和制动器盖上，不能在半轴上移动，造成制动复位不灵。

（2）保养不当。制动器内的润滑脂干硬，失去防锈、润滑作用，使钢球卡在压盘的斜槽里，压盘向两侧撑开后不能复位。

（3）复位弹簧变软，制动压盘制动器壳体上的三个凸台定位圆弧面配合过紧，都会使压盘不能复位。

（4）制动器联动轴在支架里转动不灵活或制动踏板复位弹簧失效等，也会引起制动复位不灵。

（5）制动器的间隙太小，也易造成制动复位不灵。

（6）制动踏板自由行程过小或消失，发生自行制动，引起制动器发热，摩擦片早期磨损。

（7）摩擦片翘曲、开裂会造成摩擦片与制动器盖和壳体间长期滑动摩擦，导致制动卡死。

（8）制动踏板不能复位。

4. 摩擦衬片烧损

1）故障现象

摩擦片表面与制动壳体或盖的平面间相互严重摩擦，使制动器壳体发热、壳体处冒烟。踩下加速踏板时，拖拉机加速反应缓慢。

2）诊断方法

拖拉机使用一段时间后，可闻到一股焦煳味，并且制动器盖及制动器壳体温度升高，严重时冒烟。用手触摸制动器外壳时，感到热而烫手。

3）故障分析

（1）踏板无自由行程，非制动时，制动压盘与摩擦片之间、摩擦片与制动器盖和制动器壳之间，经常处在半摩擦状态，温度升高以致烧损。

（2）制动器内的螺旋弹簧过软或折断，使压板不能自动复位而卡在制动位置。

（3）停车锁板未松开，制动踏板仍处于制动位置，拖拉机就进行起步，造成制动器发热，导致摩擦衬片烧损。

（4）制动器总间隙过小，也易自行制动而发热。

（5）拖拉机在田间作业时，经常使用单边制动，造成制动器单边过热，容易使摩擦衬片烧损。

5. 制动跑偏

1）故障现象

在拖拉机行驶中进行制动操纵后，两侧车轮制动效果出现不一致的现象。

2）诊断方法

在测试路面上进行制动试验，观察制动过程中两驱动轮的拖印痕迹，查看拖印痕迹是否一致，是否有跑偏现象。

3）故障分析

(1) 左、右制动踏板自由行程不一致，或制动器间隙不一致。

(2) 某一侧制动器内可能进油，导致某一侧制动器打滑。

(3) 某一侧制动摩擦片损坏。

(4) 在田间作业时经常使用单边制动，使制动器内摩擦片磨损严重。

(5) 两后轮轮胎气压不一致。

任务实施

实施制动系统故障诊断与排除作业

进行制动系统故障诊断与排除作业前，要做好前期技术资料熟悉、工量具及安全操作准备工作，然后进行相关作业。

根据前面所述故障现象、诊断方法来判定故障原因并排除。

制动不灵或制动力矩不足故障处理作业工单见表5.3。

思考与练习

(1) 请分析拖拉机制动跑偏的原因及排除方法。

(2) 某拖拉机的制动器为蹄式制动器，时常出现行驶时间稍长制动鼓就发热烫手的现象，请分析原因。

项目5　习题

任务检查与评价

表 5.3　制动不灵或制动力矩不足故障处理作业工单

型号	编号	上次保养日期	行驶时间/h	保养日期

说明：认真阅读本拖拉机图册，准备好相应的工具、量具、专用工具及其他辅助设备。

序号	操作内容	操作说明	所需工具
10	检查制动踏板自由行程	按前述检查制动踏板自由行程是否合格，不合格则调整	扳手、专用工具
20	检查有无异物及松动	① 拆下制动器，摩擦衬片沾有油污或泥水并查明油污及泥水来源。 ② 检查连接螺栓是否松动	扳手、专用工具
30	检查制动器零件	① 检查摩擦衬片是否装反、是否磨损，铆钉是否凸起，间隙是否过大。 ② 检查回位弹簧弹力，检查钢球是否卡死。 ③ 检查传动杆件是否变形，压盘及钢球是否磨损	钢直尺
		（表格根据需要添加）	

建议事项：

检查：

(1) 任务准备是否充分；

(2) 任务工单的完成情况；

(3) 对制动系统故障的认知情况；

(4) 整理设备和现场；

(5) 优化与创新。

评估：

续表

考评项目	自我评估	组长评估	教师评估	权重分
劳动纪律				5
安全、环境意识				5
任务方案				5
实施过程				15
工量具使用				5
完成情况				15
分工与协作				10
创新思路				10
综合评价				30
合计				100

操作者签名：　　　　组长签名：　　　　教师签名：

项目 6
转向系统的拆装与维修

项目描述

转向系统是拖拉机操纵系统的一个重要组成部分。拖拉机的转向系统常见于轮式拖拉机和履带式拖拉机中。通过转向系统的拆装与维护作业，掌握拖拉机转向系统的组成和类型，能够熟练地选择适当的工具拆装转向器，正确检查和调整方向盘自由行程，正确检查和调整转向角度，基本会诊断和排除摆头、自动跑偏、转向沉重、转向不灵敏和转向轮抖动等常见故障。

项目任务

(1) 轮式拖拉机转向机构的拆装与维护。

(2) 履带式拖拉机转向机构的拆装与维护。

(3) 转向系统的故障诊断与排除。

项目目标

(1) 能描述拖拉机转向系统的用途及工作原理。

(2) 能选择适当的工具拆装轮式、履带式拖拉机转向系统。

(3) 能有效地对轮式、履带式拖拉机转向系统进行检修。

(4) 会诊断和排除轮式、履带式拖拉机转向系统的常见故障。

(5) 培养学生的责任担当和创新精神。

(6) 培养学生的质量意识和诚信意识。

(7) 培养学生遵守操作工艺规范的意识。

(8) 培养学生的综合应用能力和团队协作意识。

任务6.1　轮式拖拉机转向机构的拆装与维护

任务目标

6.1　全液压式转向器工作原理

（1）了解轮式拖拉机转向机构的基本功用、类型、组成及工作原理。
（2）了解典型轮式拖拉机转向机构的结构。
（3）能选用适当工具对轮式拖拉机转向机构进行拆装及维护。
（4）培养学生的责任担当和创新精神。
（5）培养学生的质量意识和诚信意识。

任务准备

转向系统是拖拉机操纵系统的一个重要组成部分。通过对常见拖拉机转向系统的拆装与维护的学习，能够掌握拖拉机转向系统的组成和类型，能描述机械式转向系统的工作原理，能够熟练地选择适当的工具拆装转向器，能够正确检查和调整方向盘自由行程，能够正确检查和调整转向角度，基本会诊断和排除转向系统的常见故障等。

1. 转向系统的功用

转向系统用来纠正和改变拖拉机的行驶方向，并保持拖拉机的行驶方向。

拖拉机在行驶或作业中，非直线行驶是绝对的，而直线行驶则是相对的，因此经常要调整行驶方向。另外，即使在平直路面行驶，由于两侧驱动轮轮胎气压不等及路面高低不平等原因，拖拉机也会自动跑偏。因此，需要经常操纵拖拉机以达到改变其行驶方向的目的；或操纵拖拉机来保持其既定的行驶方向。拖拉机行驶方向的改变是通过转向轮在路面上偏转一定的角度来实现的。控制拖拉机转向的一整套机构，称为拖拉机的转向系统。

转向系统的功用是使拖拉机在路面平稳行驶或准确灵活地改变现有行驶方向。转向系统对拖拉机至关重要，转向系统的性能直接关系到拖拉机的行驶安全、驾驶员的劳动强度和作业生产效率。

转向系统应满足的基本要求是各车轮形成统一的转向中心、操纵轻便、工作可靠、转向灵敏等。

1）各车轮形成统一的转向中心

轮式拖拉机转向时，拖拉机各车轮应处于纯滚动并且无侧向滑移的运动状态，否则，将会增大转向阻力并且加剧拖拉机轮胎的磨损。因此，转向时拖拉机各车轮要做到绕统一的

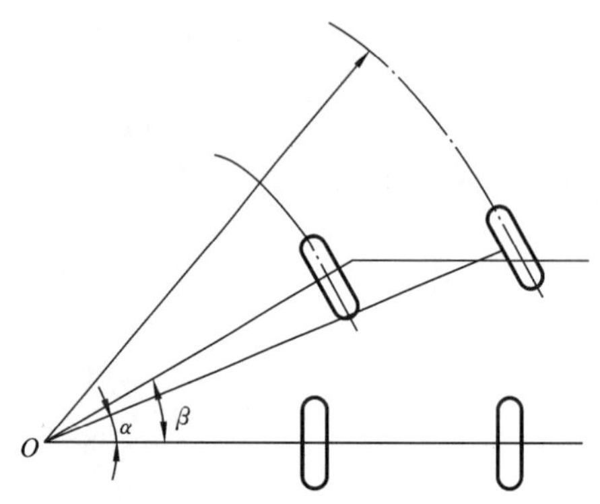

图 6.1　拖拉机转向时偏转车轮转向示意图

转向中心转动。

图 6.1 所示为拖拉机转向时偏转车轮转向示意图。由图 6.1 可知，两个偏转的前轮从各自的轴线与后轮轴线交于 O 点，该点称为瞬时转向中心。

由图 6.1 可知，两前轮相对拖拉机车身偏转了一个角度，并且两前轮偏转的角度不同，内侧偏转角 α 要大于外侧偏转角 β。两驱动轮的转速也不一样，内侧速度慢，外侧速度快，同一时间里内侧驱动轮滚过的路程比外侧驱动轮滚过的路程短。

2）操纵轻便

拖拉机转向时，驾驶员应感到轻松、方便，而路面对车轮的冲击力要尽量少地反传到方向盘上，即对方向盘的影响要小，这样既可减小驾驶员的劳动强度，又能保证安全。

3）工作可靠

转向系统工作的可靠性直接影响到整机的正常运转和驾驶员的安全。因此，转向系统的零部件及其结构必须稳定、可靠，以满足工作可靠的要求。

4）转向灵敏

拖拉机方向盘的转动角度与车轮偏转角度应相互配合。

一般来说，方向盘转过一定的角度时，车轮偏转角度相对方向盘转动角度越大，拖拉机转向越灵敏；反之，灵敏度就越低。当然，过于灵敏也不好，那样操纵时就必须相当精准，反而使驾驶员更易疲劳。

另外，转向系统应具有一定的传动可逆性，使转向轮能自动回正，这样驾驶员有一定的路感又不至于疲劳，导致不安全。

2. 转向方式

拖拉机之所以能够在转向机构的操纵下实现转向，是因为转向时转向力使地面与行走轮间产生了与转变方向一致的转向力矩，克服了地面与车辆转向间的阻力矩，从而实现转向。

拖拉机转向方式一般有三种：一是拖拉机的行走轮相对拖拉机本身偏转一定的角度；二是改变两侧行走轮的驱动力；三是同时采取前面两种方式。大多数轮式拖拉机采用的是第一种转向方式，而履带式拖拉机和手扶拖拉机一般采用第二种转向方式，而有后挂的手扶拖拉机和轮式拖拉机在田间作业时一般采用第三种转向方式。

根据转向方式的不同，偏转车轮转向有偏转前轮转向、偏转后轮转向、同时偏转前轮和后轮转向、铰接式折腰转向及差速式转向。

轮式拖拉机大多采用偏转前轮转向方式；部分大马力轮式拖拉机采用铰接式折腰转向方式；而履带式拖拉机、部分手扶拖拉机和船式拖拉机则采用差速式转向方式。

如果根据转向系统的操纵方式的不同进行分类，则转向方式可分为三种，即机械式转向（又称人力转向）、液压助力式转向和全液压式转向。

一般中小型轮式拖拉机采用机械式转向，而大型轮式拖拉机则多采用液压助力式转向和全液压式转向。

3. 机械式偏转车轮式转向系统的基本组成

机械式偏转车轮式转向系统是以人力作为转向动力，所有传力件都是机械的。该系统一般由转向操纵机构、转向器和转向传动机构三大部分组成。其由于结构简单，布置方便、合理，能基本保证转向轮在转向时有正确的运动轨迹，因此得到了广泛应用。其结构如图 6.2 所示。

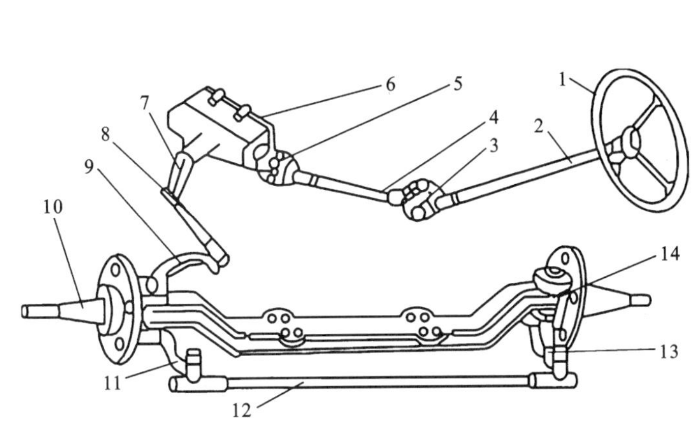

图 6.2　机械式偏转车轮式转向系统结构

1—方向盘；
2—转向轴；
3,5—转向万向节；
4—转向传动轴；
6—转向器；
7—转向摇臂；
8—转向直拉杆；
9—转向节臂；
10—左转向节；
11,13—转向梯形臂；
12—转向横拉杆；
14—右转向节

转向操纵机构是方向盘到转向器之间所有零部件的总称。一般情况下，转向操纵机构由方向盘 1 和转向轴 2 组成，而图 6.2 中还设有转向传动轴 4，通过转向万向节 3 和 5 与转向器 6 连接；转向器 6 为减速传动装置，一般有 1～2 级减速传动副的变速器；转向摇臂 7、转向直拉杆 8、转向节臂 9、转向梯形臂 11 和 13 及转向横拉杆 12 组成转向传动机构。其中，转向横拉杆 12、转向节 10 和 14 及转向梯形臂 11 和 13 组成转向梯形机构。

转向梯形机构的作用是使两转向轮协调地向一个方向偏转，并保证转向时两前轮的偏转角符合转向系统的基本要求，按正确轨迹无侧滑地滚动。

当转动方向盘 1 时，通过转向轴 2、转向传动轴 4、转向器 6 使转向摇臂 7 按要求向前或向后摆动，转向直拉杆 8 带动装在转向节上端的转向节臂 9 和转向梯形臂 11。因此，当转向节臂 9 转动时，就使装在左转向节 10 上的导向轮向某一方向偏转，同时转向梯形臂 11 的转动带动转向横拉杆 12 和另一侧的转向梯形臂 13 运动，使右侧的导向轮也协调地向同一方向偏转，实现拖拉机的转向。

4. 机械式偏转车轮式转向系统的结构特点

1）转向操纵机构

方向盘又称转向盘，轮式拖拉机上用的方向盘与汽车上使用的方向盘相似。常用方向

盘的外缘直径有 ϕ425 mm、ϕ480 mm、ϕ500 mm 等。方向盘尺寸直接影响到拖拉机操纵的轻便性。因此，不同型号的拖拉机应选用不同规格的方向盘。

方向盘在空转阶段中的角行程，称为自由行程。单从转向操纵灵敏性方面而言，方向盘的转动和转向轮的偏转应同步，然而整个转向系统中各传动件之间存在着装配间隙，而且这些间隙将随着使用过程中的零件磨损而逐渐增大；在缓和路面，方向盘的自由行程有利于减轻转向轮的冲击和驾驶员的过度紧张。因此，自由行程的存在是有用的。但方向盘的自由行程不宜过大，过大会影响转向操纵的灵敏性。一般来说，由于轮式拖拉机速度低，大部分时间用于农田作业，方向盘的自由行程应偏大一些，轮式拖拉机方向盘的自由行程为 20°～30°。

转向轴通常采用无缝钢管制造，下端和转向器的主动部分连接，上端通过平键和方向盘中心的轴套连接。为了整车的布置和操纵方便，在转向轴中间装有万向节传动。

2）转向器

转向器也常称为转向机，是将旋转运动转变为直线运动或近似直线运动的一组齿轮机构，同时也是转向系统中的减速传动装置。

转向器实质上就是一个减速器，主要用来放大作用在方向盘上的操纵力矩。轮式拖拉机对转向器的基本要求如下：

（1）传动比较大，可以使操纵省力；

（2）传动效率较高；

（3）适当的传动可逆性，地面情况能适当地反馈到方向盘上来，使驾驶员能够获得路感；

（4）能调整传动间隙，为保持操纵的灵敏性，方向盘的自由间隙能调整控制在规定的范围内。

传动效率可分为正效率和逆效率。正效率是指在由转向操纵机构输入、转向摇臂输出的情况下求得的传动效率，而逆效率则是在由车轮输入、方向盘输出的传动方向相反情况下求得的效率。

转向器的正效率和逆效率可能相差很大，逆效率代表转向器的传动可逆性程度。逆效率高的转向器很容易将地面对转向轮的作用力传到方向盘上，这种转向器称为可逆转向器。可逆转向器有利于转向后前轮和方向盘自动回正，但路感太强会使驾驶员操纵方向盘时感到紧张费力。逆效率很低的转向器，称为不可逆转向器。不可逆转向器不能使转向后的转向轮自动回正并获得一定的路感。

因此，选择转向器时，应综合考虑操纵省力、自动回正和适当路感这三个因素，要求转向器具有一定的可逆性，让路面对转向轮的作用力能有一部分传递给方向盘。

转向器类型很多，目前在拖拉机、汽车上常用的有球面蜗杆滚轮式转向器、蜗杆螺母循环球式转向器、蜗杆曲柄指销式转向器及齿轮齿条式转向器等。

（1）球面蜗杆滚轮式转向器。

图 6.3 所示为球面蜗杆滚轮式转向器，其传动副由一个球面蜗杆 3 和三齿滚轮 8 构成。转动转向盘，使球面蜗杆转动，三齿滚轮便沿球面蜗杆螺旋槽滚动，从而带动摇臂轴 14 转动，使摇臂摆动。

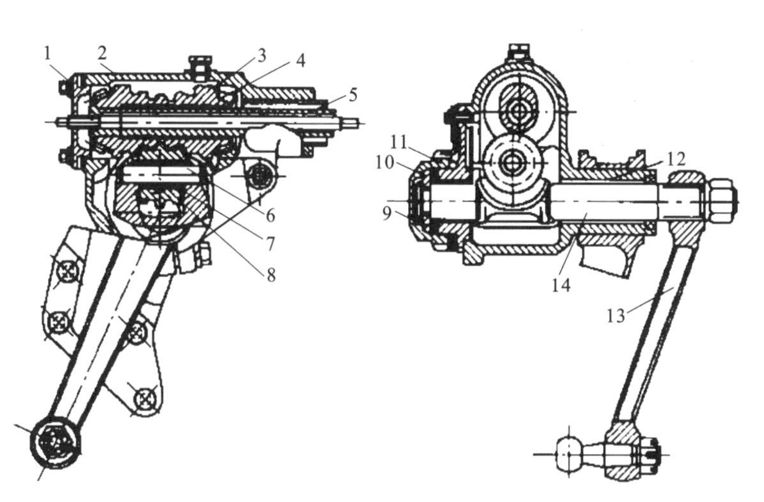

图 6.3　球面蜗杆滚轮式转向器

1—下盖；
2—壳体；
3—球面蜗杆；
4—锥轴承；
5—转向轴；
6—滚轮轴；
7—滚针；
8—三齿滚轮；
9—调整垫片；
10—U 形垫圈；
11—螺母；
12—铜套；
13—摇臂；
14—摇臂轴

球面蜗杆滚轮式转向器有较高的传动效率，操纵轻便，传动可逆性合适，磨损较小，磨损后间隙可调整，因此应用较广。

(2) 蜗杆螺母循环球式转向器。

蜗杆螺母循环球式转向器简称循环球式转向器，如图 6.4 所示。它是目前国内外应用广泛的一种转向器。这种转向器一般有两级传动副：第 1 级是蜗杆螺母循环球，钢球夹入蜗杆和螺母之间，变滑动摩擦为滚动摩擦，提高了传动效率；第 2 级是齿条齿扇传动副或滑块曲柄指销传动副，转向螺母外有两根钢球导管 9，每根导管的两端分别插入螺母侧面的一对通孔中，导管内装满钢球 22。这样两根导管和螺母内的螺旋形管状通道组成两条各自独立的封闭钢球流道。

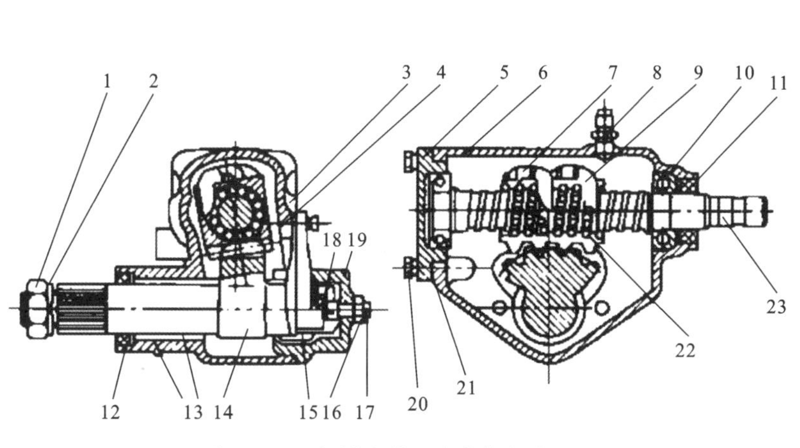

图 6.4　蜗杆螺母循环球式转向器

1—螺母；2—弹簧垫圈；
3—转向螺母；
4—壳体垫片；
5—壳体底盖；
6—壳体；7—导管卡子；
8—加油螺塞；
9—钢球导管；
10—轴承；11、12—油封；
13、15—滚针轴承；
14—摇臂轴；
16—锁紧螺母；
17—调整螺钉；
18、21—调整垫片；
19—侧盖；20—螺栓；
22—钢球；23—转向蜗杆

这种转向器使用可靠、调整方便、工作平稳，但其逆效率也很高，容易将路面冲击力传到转向盘。汽车和农用运输车大多采用这种转向器。

(3) 蜗杆曲柄指销式转向器。

蜗杆曲柄指销式转向器简称曲柄指销式转向器，如图 6.5 所示，该转向器的传动副以蜗杆 5 为主动件，其从动件是装在摇臂轴 2 上曲柄 4 端部的指销 3，指销插在蜗杆的螺旋槽中。转向时蜗杆转动，使指销绕摇臂轴做圆弧运动，同时带动摇臂轴转动。

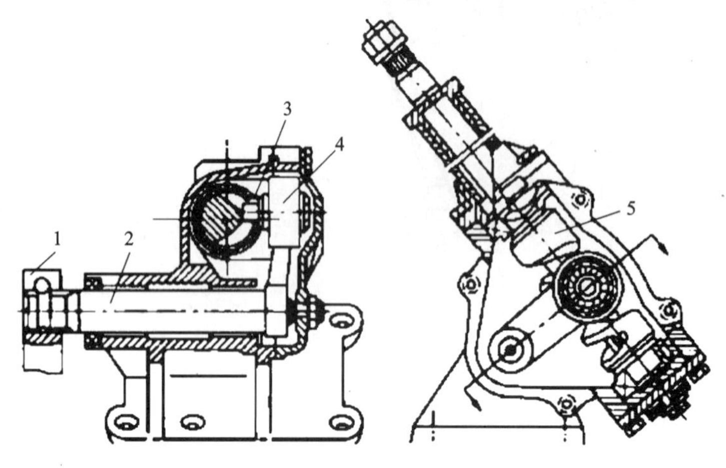

1—垂臂；
2—摇臂轴；
3—指销；
4—曲柄；
5—蜗杆

图 6.5　曲柄指销式转向器

这种转向器的性能与球面蜗杆滚轮式、蜗杆螺母循环球式转向器相似，但加工容易。

(4) 齿轮齿条式转向器。

齿轮齿条式转向器具有结构简单、紧凑，重量轻，刚性大，转向灵敏，制造容易，以及成本低等优点，目前在轿车和微型、轻型货车上得到了广泛的应用。它由转向齿轮 1 和转向齿条 2 等部件组成，如图 6.6 所示。

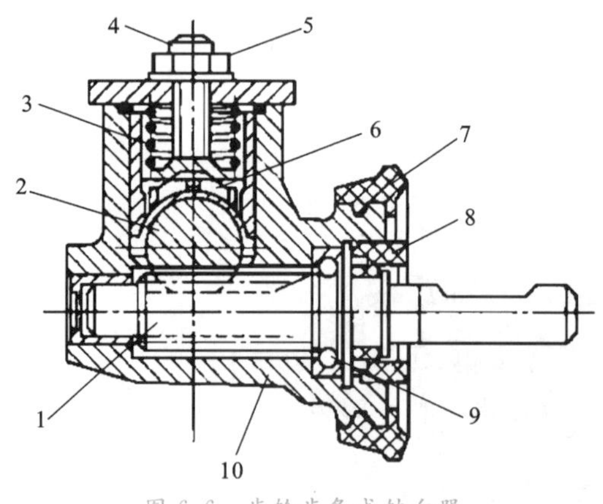

1—转向齿轮；
2—转向齿条；
3—弹簧；
4—调整螺钉；
5—锁紧螺母；
6—压块；
7—防尘罩；
8—油封；
9—轴承；
10—壳体

图 6.6　齿轮齿条式转向器

3）转向传动机构

转向传动机构的功用是将转向器输出的力和运动传到转向桥两侧的转向节，使两侧转向轮偏转，且使两转向轮偏转角按一定关系变化，以保证汽车转向时车轮与地面间的相对滑动尽可能的小。

拖拉机转向传动机构的各种布置如图6.7所示。拖拉机转向传动机构分单拉杆和双拉杆两种类型。单拉杆中的转向梯形有前置、后置之分。

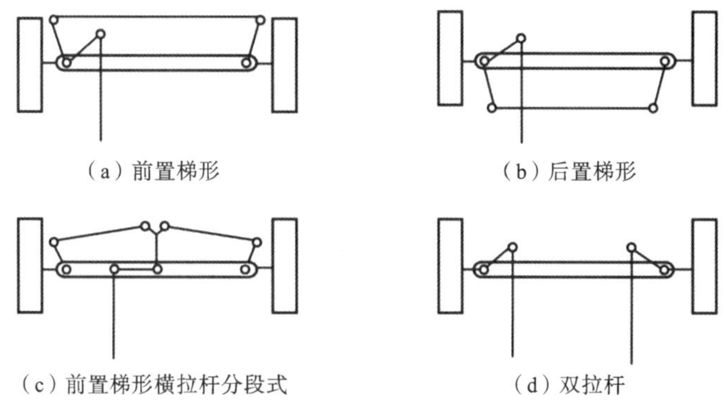

图6.7　拖拉机转向传动机构的各种布置

图6.7(a)所示的前置梯形的横拉杆布置在前轴之前，较易因碰撞而弯曲或损坏，另外由于前置梯形的梯形臂向外偏斜，为了避免和导向轮相碰，必须加大转向节立轴和导向轮之间的距离，这必然会增大转向阻力臂而使操纵费力。

图6.7(b)所示的后置梯形没有这个缺点，但为了使横拉杆不与发动机相碰，须将发动机往后布置。这样，后置梯形有时受总布置条件限制而不能被采用。

有的拖拉机采用分段式转向梯形，如图6.7(c)所示，梯形由中央的梯形臂带动。这种布置有利于获得较大的偏转角。而当变形为单前轮时，结构改动较少。

与单拉杆转向梯形相比，图6.7(d)所示的双拉杆机构可使两导向轮的偏转角更接近于无侧滑，并且可得到较大的导向轮偏转角。由于没有横拉杆，转向传动机构就不受发动机底部的限制而较易布置。另外，由于可缩小导向轮与转向节立轴之间的距离，操纵力可减小。但是它的转向器内要多增一对传动副，结构较复杂。

5. 动力转向装置

使用机械转向装置可以实现汽车转向，当转向轴负荷较大时，仅靠驾驶员的体力作为转向能源则难以顺利转向。动力转向装置就是在机械转向装置的基础上加设一套转向加力装置而形成的。转向加力装置减小了驾驶员操纵转向盘的作用力。这时，转向能源来自驾驶员的体力和发动机，其中发动机占主要部分，通过转向加力装置提供。正常情况下，驾驶员能轻松地控制转向盘，但当转向加力装置失效时，就回到机械转向系统状态，一般来说还能由驾驶员独立承担转向任务。为了减轻驾驶员的劳动强度，一些四轮农用汽车和大中型拖拉机采用动力转向装置。动力转向装置多采用液压式。液压动力转向装置按采用的是机械式转向器还是液压式转向器，又可分为液压助力式和全液压式两种类型。

1）液压助力式动力转向装置

液压助力式动力转向装置是利用液压动力，协助驾驶员操纵机械转向器，通过转向摇臂及转向传动杆系操纵导向轮偏转。

图 6.8 所示为具有路感反馈功能的液压转向助力器。

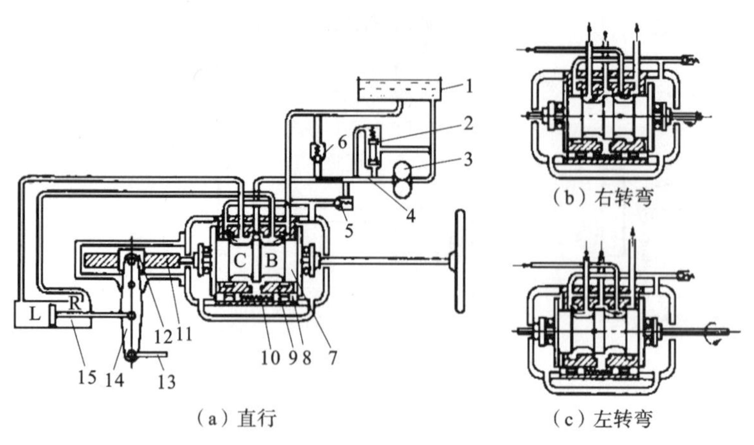

1—液压油箱；
2—溢流阀；
3—齿轮泵；
4—量孔；
5—单向阀；
6—安全阀；
7—滑阀；
8—反作用柱塞；
9—阀体；
10—回位弹簧；
11—转向蜗杆；
12—转向螺母；
13—纵拉杆；
14—转向摇臂；
15—动力油缸

图 6.8　具有路感反馈功能的液压转向助力器

方向盘不动时，滑阀处于中立位置，如图 6.8(a)所示。

向右转动方向盘时(见图 6.8(b))，由于前轮上的转向阻力，开始时转向螺母不动，转向蜗杆右移，滑阀也随之右移，右移的滑阀必须克服作用在反作用柱塞上的油压和回位弹簧的张力，使滑阀右移靠住阀体。在转向过程中，对置的反作用柱塞之间充满高压油，而油压又与转向阻力成正比，此力传到驾驶员手上，使驾驶员感受到转向阻力变化情况，即有路感。这时，油泵来油经 C 环槽进入油缸 L 腔，推动活塞右移，R 腔内的油经 B 环槽排回油箱。活塞杆推动转向摇臂摆动，使前轮向右偏转，同时使蜗杆左移，滑阀回到中立位置，这时活塞就停止在此位置不再右移，即方向盘对车轮实现伺服控制。若需连续向右转向，就应继续向右转动方向盘。向左转动方向盘时，工作原理如图 6.8(c)所示。

单向阀布置在进油道与回油道之间。正常转向时，进油道为高压，回油道为低压，单向阀在油压和弹簧弹力作用下关闭。若油泵失效，人力转向时，进油道变为低压，回油道则因活塞的泵油作用而具有一定的油压，在此压力差的作用下，单向阀打开，进、回油道相通，油自油缸的一腔流向另一腔，可减小人力转向时的操纵力。

2）全液压式动力转向装置

全液压式偏转车轮转向操纵轻便、部件布置方便、转向可靠，广泛应用在大中型轮式拖拉机上。例如，铁牛-654、东方红-1004/1204、上海纽荷兰 SNH800/804 等拖拉机都采用此种转向装置。

图 6.9 所示为全液压式偏转车轮转向系统。它主要由转向油缸、转向器(又称转向控制阀)、方向盘、储油罐及滤清器等组成。方向盘与液压转向器连接在一起，转向器通过两根油管按转向要求与转向油缸相应的油腔相连。转向油缸与转向臂相连。根据工作的需要，一般两后轮驱动拖拉机多采用单油缸形式，而四轮驱动拖拉机多采用双油缸形式。

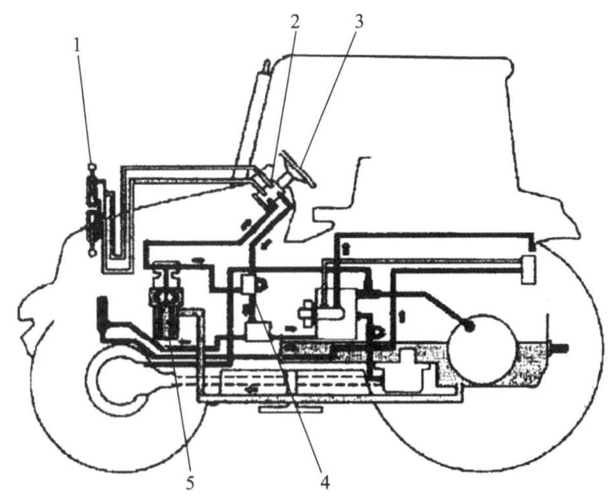

1—转向油缸；
2—转向器；
3—方向盘；
4—储油罐；
5—滤清器

6.2　液压转向器的拆装

图6.9　全液压式偏转车轮转向系统

全液压式动力转向系统原理如图6.10所示。该系统由油泵总成、转阀总成和转向油缸等组成。在图6.10中，控制阀处于中立位置，车辆以直线或某一偏转角行驶，这时油缸两腔和计量泵各齿腔均被封闭，油泵来油经单向阀、阀体、阀套和控制阀上的油孔通道、滤清器流回油箱。

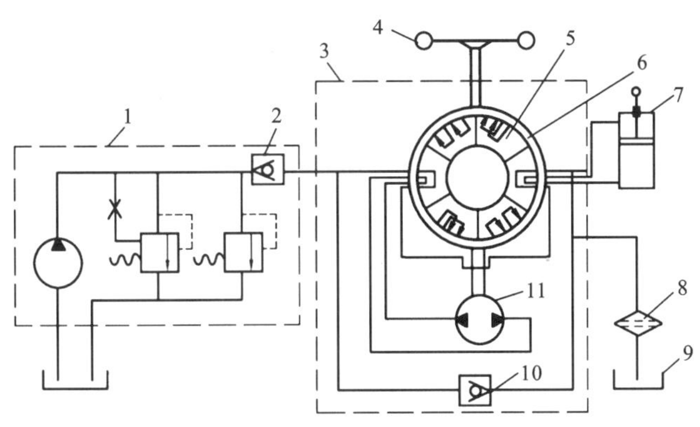

1—油泵总成；
2—单向阀；
3—转阀总成；
4—转向盘；
5—控制阀；
6—阀套；
7—转向油缸；
8—滤清器；
9—油箱；
10—止回阀；
11—计量泵

图6.10　全液压式动力转向系统原理

左转弯时，控制阀在方向盘带动下沿逆时针方向转到左油路位置，而阀套在计量泵的控制下暂不转动。油泵来油经单向阀、阀体、阀套和控制阀上相应的油孔通道进入计量泵，使计量泵转动，迫使一部分油液经控制阀进入转向油缸的下腔，推动活塞上移，实现左转向。转向油缸上腔的油液经控制阀上的油道排回油箱。计量泵转动工作时，通过连接轴带动阀套沿逆时针方向转动，消除阀套与控制阀之间的转角，使控制阀又处于中立位置。

右转弯时，控制阀处于右油路位置，工作过程与上述左转弯的相反。在前、后车体铰链处的两侧各有一个转向油缸，通过方向盘操纵全液压式转向器时，一侧的油缸进油，另一侧的油缸排油，使前、后车架发生相对转动而实现车辆转向。

任务实施

实施轮式拖拉机转向系统的拆装作业

1. 轮式拖拉机转向系统的正确使用

(1) 保持正常的轮胎气压。轮胎气压过低会增大转向时的操纵力，增加胎面的磨损和胎缘处的裂纹；轮胎气压过高，则在不平的路面上行驶时易出现颠簸，加剧胎冠部位的磨损，会使路面对轮胎的冲击通过转向器传给方向盘，容易使驾驶员疲劳；驱动轮胎压不一致，容易造成拖拉机跑偏。

(2) 两驱动轮磨损不一致，新旧不一致，容易造成拖拉机跑偏，驾驶员必须频繁地操纵转向盘以纠正方向，而且会使牵引力下降。

(3) 合理掌握速度。过埂、沟等障碍物时应降低车速，以防冲击破坏转向节立轴及前梁和转向系统零件，禁止高速急转弯，猛打转向盘。

(4) 在松软的土地上耕作时，在地头拐弯时避免因将转向盘打得过急而打死车轮，因为这时转向阻力矩过大，会使拖拉机不受操纵，甚至使前轮停止滚动而发生侧滑。

(5) 尽量避免偏牵引作业，以免频繁纠正方向。

(6) 使用差速锁时不得转向，驶出困难地段后应立即脱开差速锁。

2. 车上拆下液压转向器作业

进行车上拆下液压转向器作业前，要做好前期技术资料熟悉、工量具及安全操作准备工作，然后进行相关作业。

车上拆下液压转向器作业工单见表 6.1。

思考与练习

(1) 简述转向系统的类型及功用。

(2) 机械式转向系统由哪些主要部件组成？

(3) 液压式转向系统由哪些主要部件组成？

任务检查与评价

表 6.1　车上拆下液压转向器作业工单

型号	编号	上次保养日期	行驶时间/h	保养日期
说明：认真阅读本拖拉机图册，准备好相应的工具、量具、专用工具及其他辅助设备。				

序号	操作内容	操作说明	所需工具
10	拆下仪表板上的左侧板和右侧板	将工具箱与其相关的支架分开，拆下仪表板上的左侧板和右侧板	扳手、螺丝刀、专用工具
20	拆下转向柱	先拆转向柱筒，再拆转向柱	扳手、专用工具
30	断开线束插头	① 断开将灯组固定到转向柱上的固定螺栓。 ② 断开拖拉机启动装置上的线束插头	扳手、螺丝刀、专用工具
40	拆下转向机柱	① 从液压转向器内拔出转向机柱轴锁定销，并旋开控制阀固定螺栓。 ② 用专用扳手旋开转向机柱固定螺栓。 ③ 拆下转向机柱，为拆除液压转向器留出更多的空间	扳手、螺丝刀、专用工具
50	分离油路	① 拆下排气管，抬起机盖并断开前大灯的线束插头，将气弹簧从机盖上分离。 ② 旋开枢轴螺栓并拆下机盖，分离机盖底座后支架。 ③ 断开进、回油管与液压转向油缸的连接，分离夹钳	扳手、螺丝刀、专用工具
60	拆下液压转向器总成	去掉周边障碍物，从前面拆下液压转向器总成	扳手、螺丝刀、专用工具
		（表格根据需要添加）	

续表

建议事项：

检查：
(1) 任务准备是否充分；
(2) 任务工单的完成情况；
(3) 对转向机构的整体认知情况；
(4) 整理设备和现场；
(5) 优化与创新。
评估：

考评项目	自我评估	组长评估	教师评估	权重分
劳动纪律				5
安全、环境意识				5
任务方案				5
实施过程				15
工量具使用				5
完成情况				15
分工与协作				10
创新思路				10
综合评价				30
合计				100

操作者签名：　　组长签名：　　教师签名：

任务6.2　履带式拖拉机转向机构的拆装与维护

任务目标

（1）了解履带式拖拉机转向机构的基本功用、类型、组成及工作原理。
（2）了解典型履带式拖拉机转向机构的结构。
（3）能选用适当工具对履带式拖拉机转向机构进行拆装及维护。
（4）培养学生的质量意识和诚信意识。
（5）培养学生遵守操作工艺规范的意识。

任务准备

1. 履带式拖拉机的转向原理

大多数轮式拖拉机的行驶方向是通过控制导向轮来实现的，而履带式拖拉机的行驶方向的改变方法则不同，履带式拖拉机的行走机构相对于拖拉机机体不能偏转，履带式拖拉机的转向是靠改变传给两侧履带的驱动力矩来实现的，如图6.11所示。

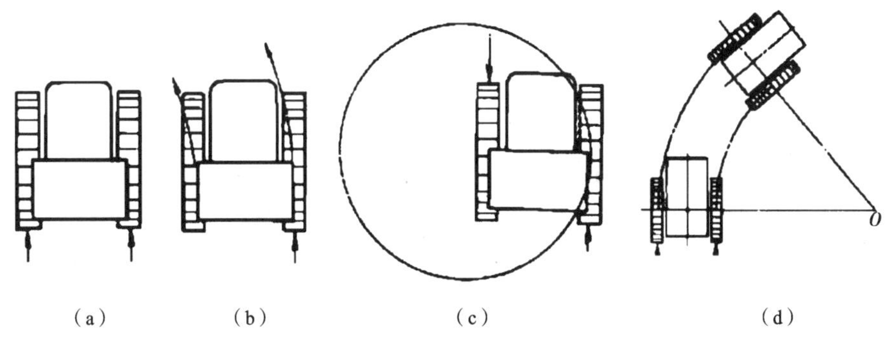

图6.11　履带式拖拉机转向示意图

当履带式拖拉机两侧的转向离合器都处于接合状态时，发动机的扭矩便平均分配给两侧驱动轮，使两侧履带具有相等的推进力，拖拉机便沿直线前进，如图6.11(a)所示。要想拖拉机转向，如向左转，则扳动左侧操纵杆，使左侧转向离合器分离。这时，左侧履带失去前进的推力，但右侧履带的推力还在，因此，拖拉机便向左转，如图6.14(b)所示。如果要想拖拉机向左转小弯，除需要扳动离合器操纵杆外，还要踩下左侧制动踏板，不让左侧履带转动，这时左侧履带没有推力，而且右侧履带也不能拖曳它前进，拖拉机便绕左侧履带转小弯，甚至原地转弯，如图 6.11(c)所示。图 6.11(d)所示为转向时车身形式示意图。

2. 履带式拖拉机转向系统的组成

履带式拖拉机的转向系统由转向机构和转向操纵机构两部分组成。常用的转向机构有离合器式、行星齿轮式和双差速器式三种类型。最常见的是通过转向操纵杆控制转向离合器来实现转向。

离合器式转向机构转向半径小，直线行驶性能好，而且构造简单，制造容易，成本低，因此最早得到广泛应用。其缺点是耐磨性差，寿命短；横向尺寸大，有时拖拉机的宽度较大会使其在丘陵地区的使用受到限制。

履带式拖拉机的转向机构是指用来改变传到两侧驱动轮上驱动力矩的机构。转向机构安装在履带式拖拉机的后桥壳体内，它将中央传动传来的动力，传递给两侧的最终传动。从传递动力的作用上来讲，转向机构也可以说是传动系统中的机构。

转向机构使拖拉机既能转大弯，又能转小弯。当拖拉机向一侧转弯时，只要减小这侧驱动轮的驱动力矩就可以转大弯；如果完全切断这一侧的驱动力矩，就可以转小弯。若切断驱动力矩后再对制动轮进行制动，就可以转更小的弯，甚至原地转弯。由此可知，转向机构的工作过程包括以下两个阶段：第 1 个阶段是逐渐减小直至切断一侧驱动轮的驱动力矩，使该侧履带受到的驱动力逐渐减小直至为零；第 2 个阶段是逐渐对制动轮施加制动力，直至完全制动，使该侧履带不仅没有受到驱动力，还受到与拖拉机行驶方向相反的制动力。只有这样，才能满足履带式拖拉机作业时不同转弯半径的需要。

综上可知，履带式拖拉机的制动器除了用于整个拖拉机的制动外，还要用于协助转向，因此也可将它看作转向系统的一个组成部分。

3. 常见转向机构

1）转向离合器

转向离合器是一种多片式摩擦离合器，位于中央传动轴即后桥轴与最终传动主动齿轮之间，两侧各一个。转向离合器与主离合器的作用原理相同，只是由于内燃机动力经过变速器和中央传动两级增扭后，转向离合器所传递的转矩比主离合器传递的扭矩大很多倍，故采用多片式摩擦离合器。目前，我国农业拖拉机上多采用干式、多片式和弹簧压紧式摩擦离合器。图 6.12 所示为履带式拖拉机转向离合器示意图。

干式摩擦离合器作用于摩擦片上的压力是靠弹簧产生的，而湿式摩擦离合器作用于摩擦片上的压力是靠弹簧、液压或弹簧加液压产生的。

东方红-802 型履带式拖拉机转向离合器结构如图 6.13 所示。其动力由中央传动的从动大圆锥齿轮轴传给转向离合器的主动鼓，主动鼓外圆表面有许多轴向齿槽，套装多片带内齿的主动片，相邻的主动片之间夹装着带外齿的从动片，从动片套装在内圆表面带许多轴向齿槽的从动鼓上。主动片与从动片相互间隔，并靠多个压紧弹簧压紧在压盘和主动鼓的凸缘之间。在主动片和从动片压紧的情况下，动力由主动鼓传给从动鼓，再经最终传动传到驱动轮。若要分离离合器，只需操纵压盘克服压盘弹簧的预紧力右移即可。转向离合器在转向时不一定要全部切断动力，有时只要适当减小压盘压力即可。

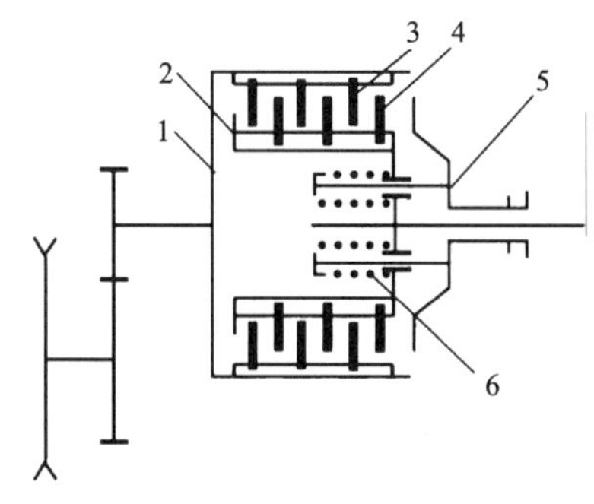

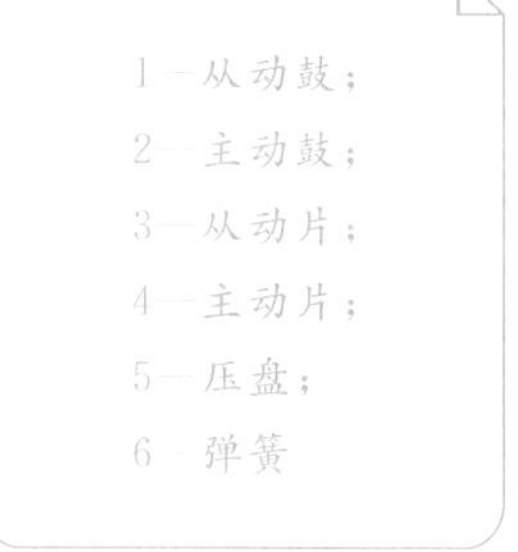

图 6.12　履带式拖拉机转向离合器示意图

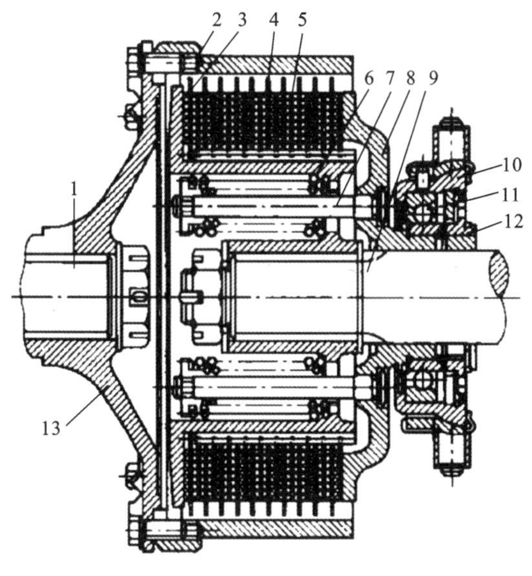

1—半轴；
2—从动鼓；
3—主动鼓；
4—从动片；
5—主动片；
6—压盘弹簧；
7—压盘拉杆；
8—压盘；
9—后桥横轴；
10—分离轴承座；
11—分离轴承；
12—螺母；
13—从动鼓轮毂

图 6.13　东方红-802 型履带式拖拉机转向离合器结构

拖拉机直行时，两侧转向离合器都处于接合状态。若要拖拉机转向，如向左转弯时，扳动左侧操纵杆，使左侧离合器分离，左侧履带失去驱动力或驱动力减小，右侧履带的驱动力不变，拖拉机便开始向左转弯。如果纠正拖拉机直行中的跑偏，则可适当地使转向离合器半联动。如果使拖拉机向左转小弯或原地转弯，除需要彻底分离左边的转向离合器外，还要利用左侧制动器制动，使左侧履带不但没有驱动力，而且产生了与前进方向相反的制动力，从而增大了拖拉机的转向力矩。

2）双差速器

有些履带式车辆采用双差速器转向机构。双差速器转向机构有圆柱齿轮式和圆锥齿轮式两种类型。双差速器转向机构简图如图 6.14 所示。

图 6.14(a)所示的圆锥齿轮式双差速器和图 6.14(b)所示的圆柱齿轮式双差速器均有

内、外两套行星齿轮。内行星齿轮与半轴齿轮啮合，这与普通单差速器相同。外行星齿轮与制动齿轮啮合，制动齿轮与制动器的制动鼓连在一起，内、外行星齿轮连成一体。

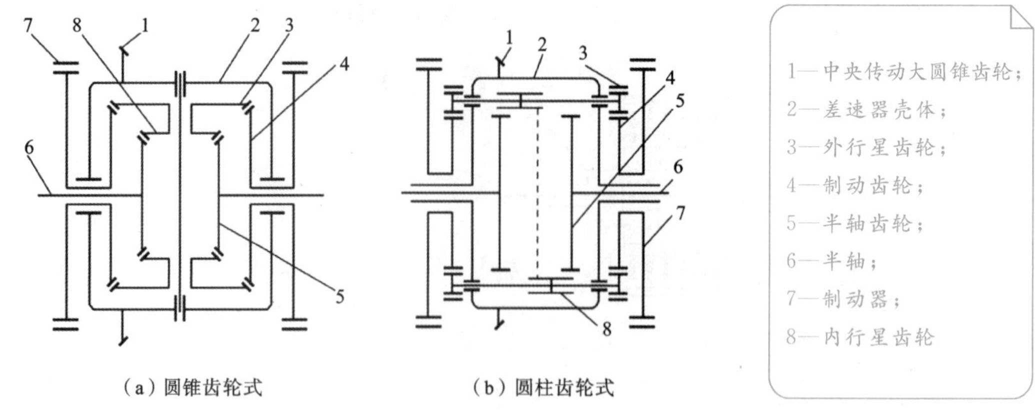

图 6.14　双差速器转向机构简图

拖拉机直线行驶时，两边制动器都放松，外行星齿轮带动制动齿轮空转，动力经内行星齿轮和半轴齿轮传给驱动轮，这时双差速器只起单差速器的作用。

制动一侧制动轮时，就向该侧转弯。这时，内、外行星齿轮除了随差速器壳一起转动外，外行星齿轮还随制动齿轮滚动而自转，并带着内行星齿轮一起自转，使该侧驱动轮的转速降低，而另一侧驱动轮的转速升高。同时，外行星齿轮将一部分转矩传给制动齿轮而消耗在制动器上，这就使该侧履带的驱动力小于另一侧的，从而实现转向。

3）单级行星齿轮式转向机构

单级行星齿轮式转向机构的工作情况与转向离合器的相似。单级行星齿轮式转向机构简图如图 6.15 所示。

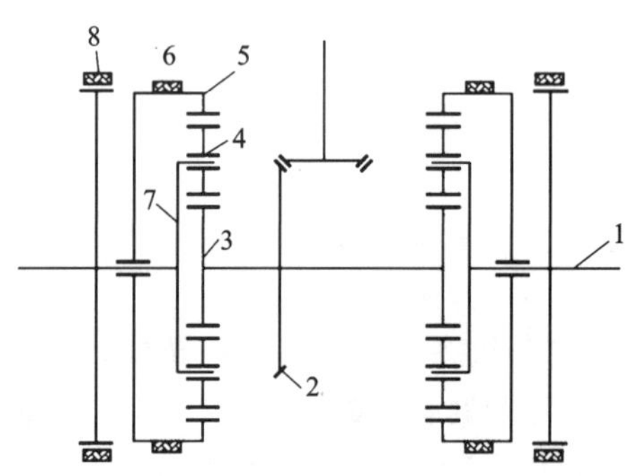

1—半轴；
2—中央传动大圆锥齿轮；
3—太阳轮；
4—行星轮；
5—齿圈；
6—行星机构制动器；
7—行星架；
8—半轴制动器

图 6.15　单级行星齿轮式转向机构简图

传给中央传动大圆锥齿轮的转矩，经左、右两套单级行星机构，分别传给左、右驱动轮。

直线行驶时，两侧行星机构制动器抱紧，而半轴制动器完全松开。这时，主动太阳轮带动行星轮沿着被制动的齿圈滚动，从而带动两侧行星架和半轴以低于太阳轮的转速同向旋转。

转向时，应先将内侧的行星机构制动器逐渐放松，使该侧的齿圈渐渐转动，制动力矩渐渐减小。于是传到该侧驱动轮的转矩逐渐减小，内燃机大部分动力传至快速侧履带，形成转向力矩，实现转向。但这时，慢速侧履带的驱动力仍为正值。当慢速侧行星机构制动器完全松开时，作用于行星架上的力矩为零，故慢速侧履带的驱动力也为零，该侧履带即成为被动机构，被机架推着前进。如果将行星机构制动器完全放松，然后又将半轴制动器加以制动，则该侧履带被机架推着前进时，还要克服制动器的摩擦力矩，将使拖拉机以更小的半径转向。如果半轴制动器完全制动，则拖拉机将原地转弯。

任务实施

实施履带式拖拉机转向系统的拆装作业

1. 履带式拖拉机转向系统的正确使用

(1) 纠正行驶方向时，拉操纵杆时应和缓，放松时应迅速、平稳；急转弯时，应先迅速将操纵杆拉到底，使转向离合器彻底分离后再踩制动器，放松时则次序相反，动作敏捷，配合恰当。否则，除增大功率消耗外，还会加剧摩擦片的磨损和翘曲变形。

(2) 尽量避免重负荷下转向，特别是急转弯，不但大大增加发动机的负荷甚至憋灭火，而且会导致转向离合器打滑，加速磨损。

(3) 严禁长期超负荷作业。

(4) 避免偏牵引作业，否则驾驶员经常拉动一侧操纵杆，使转向离合器摩擦片在早期发生磨损。

2. 液压转向器的拆装作业

进行液压转向器的拆装作业前，要做好前期技术资料熟悉、工量具及安全操作准备工作，然后进行相关作业。

液压转向器的拆装作业工单见表6.2。

思考与练习

(1) 简述履带式拖拉机转向系统的组成。

(2) 试述双差速器式转向机构的工作原理。

任务检查与评价

表 6.2 液压转向器的拆装作业工单

型号	编号	上次保养日期	行驶时间/h	保养日期
说明：认真阅读本拖拉机图册，准备好相应的工具、量具、专用工具及其他辅助设备。				

序号	操作内容	操作说明	所需工具
10	取下压盖	拆下盖固定螺栓，将盖滑向一侧取下	扳手、螺丝刀
20	拆下定子等零件	拆下定子、转子和内垫片，拆下转子固定环上的两个O形密封圈，拔出转子传动轴	扳手等
30	取下配油盘	① 取下配油盘，用螺丝刀拆下单向阀座上的螺塞。 ② 从阀体上拔出O形密封圈，注意不要划伤密封圈	扳手、螺丝刀等
40	取出单向阀钢球和回流阀	① 旋转控制阀体，并取出单向阀钢球和两个带相应销、钢球、弹簧的回流阀。 ② 确定阀体和转子传动轴位置，使阀套和轴销位于水平位置	专用工具
50	拔出止推轴承及两个外部环	向内推动转阀，从阀体中拔出阀芯、阀套和止推轴承。从转阀中拔出止推轴承连同两个外部环，从阀套上拆下钢片弹簧固定环	专用工具
60	拆下轴销、阀芯	① 从阀套上拆下轴销。 ② 从阀套上拔出阀芯，注意不要硬拔。 ③ 拆下弹簧，并从它们的底座上拔出	专用工具
70	拆下防尘密封圈和O形密封圈	在阀体的底座上拆下防尘密封圈和O形密封圈，注意不要划伤密封圈	专用工具
80	取出安全阀组件	① 拆下安全阀上的螺塞，并拔出密封垫圈。 ② 拆下安全阀调节螺钉，取出安全阀组件	专用工具

续表

		（表格根据需要添加）	

建议事项：

检查：
(1) 任务准备是否充分；
(2) 任务工单的完成情况；
(3) 对液压转向器的认知情况；
(4) 整理设备和现场；
(5) 优化与创新。
评估：

考评项目	自我评估	组长评估	教师评估	权重分
劳动纪律				5
安全、环境意识				5
任务方案				5
实施过程				15
工量具使用				5
完成情况				15
分工与协作				10
创新思路				10
综合评价				30
合计				100

操作者签名： 组长签名： 教师签名：

任务 6.3　转向系统的故障诊断与排除

6.3　转向沉重故障诊断与排除

任务目标

（1）了解拖拉机转向系统常见故障现象。

（2）能分析拖拉机转向系统常见故障产生的原因。

（3）能正确、有效地排除拖拉机转向系统常见故障。

（4）培养学生遵守操作工艺规范的意识。

（5）培养学生的综合应用能力和团队协作意识。

任务准备

转向系统是拖拉机操纵系统的一个重要组成部分。转向系统用来改变和纠正拖拉机的行驶方向，并保持拖拉机的行驶方向，因此，转向系统出现故障对于拖拉机来说是相当危险的。目前，拖拉机转向系统常见的故障有轮式拖拉机行驶中摆头、自动跑偏、转向沉重、转向不灵敏和转向轮抖动等。

1. 摆头

拖拉机摆头不但使转向机构、轮胎加速磨损，而且使操纵性能变差，严重时难以控制行驶方向，影响拖拉机行驶安全。根据图 6.3 所示的转向系统来分析其产生摆头的原因，从而找到减轻和消除摆头的方法。

1）故障现象

拖拉机在路面上行驶时，两前轮左右摇摆，行驶速度越高，摆动越大。

2）诊断方法

在测试路面上行驶，查看两前轮左右摇摆情况，对转向操纵机构零件进行检查，判断故障原因。

3）故障分析

（1）前轮轴两轴承磨损或调整不当，造成轴承间隙过大。

（2）前轮辋变形或螺栓松动。由于前轮辋变形，车轮质量分布不均匀，旋转起来往往不平衡。在行驶时，车轮旋转产生的离心力可分成水平分力和垂直分力，绕主销转动，引起前轮摆头。

（3）前轮前束调整不当。前轮前束值不当，不但影响拖拉机行驶的稳定性，而且会引起拖拉机摆头。前束值过大或过小，都应予以调整。

（4）部件磨损或间隙过大。转向器中的推力轴承和球头销等磨损，推力轴承的间隙、滑动螺母和球头销之间的间隙过大，会使转向盘自由行程增大，不但影响操纵的可靠性，而且会引起拖拉机摆头。

（5）转向拉杆的四角球头销和锥孔接头磨损。转向拉杆的四角球头销和锥孔接头磨损会使转向节松动，增大配合间隙。

（6）转向垂臂和扇形齿轮轴上互相啮合的花键磨损、松动，或者安装时没有对正盲键，就硬性敲打，或者锁紧螺母松动，不及时紧固，造成花键损坏，都会引起拖拉机摆头。

（7）转向器里的传动副间隙过大。转向器里的传动副，如扇形齿轮副、螺杆、钢球、螺母等之间的间隙过大，集中反映在转向盘的自由行程上，引起拖拉机摆头。

（8）转向节主销及衬套磨损。

（9）摇摆轴及衬套磨损。

（10）摇摆轴套两端面垫片磨损。

2. 自动跑偏

拖拉机行驶中自动跑偏，将降低拖拉机直线行驶的稳定性，并对行车的安全性有直接影响，因此，应及时予以排除。

1）故障现象

在转向盘固定后行驶时，拖拉机自动、缓慢地向一边跑偏。拖拉机跑偏不仅会使轮胎磨损不均匀，还很容易使驾驶员感到疲劳。突然跑偏会使拖拉机方向失去控制，造成事故。

2）诊断方法

在测试路面上行驶，查看跑偏情况。

3）故障分析

（1）两侧轮胎气压相差很大，一侧轮胎气压过低，轮胎着地面积增大，滚动阻力增大，滚动直径变小，使两侧车轮滚动速度有快有慢，拖拉机向滚动阻力大的一侧跑偏。

（2）左、右驱动轮轮胎磨损不一致。花纹高度不同，新、旧轮胎搭配使用，或轮胎花纹一正一反，使其受力半径不相等，附着性能不同，使拖拉机跑偏。

（3）转向器有问题。例如，转向器传动副或轴承磨损，导致转向盘自由行程过大，极易使拖拉机跑偏。

（4）转向传动机构有故障。例如：球销圆头和球销头杆及球销座磨损过大；转向节主销与副套管衬套过度磨损；转向节主销上端安装转向臂的紧固螺栓松动，或是与它们配合的半圆键、键槽磨坏；转向摇臂与摇臂轴配合的三角形花键键齿损坏、扭曲及磨损；前轮轴承磨损。所有这些都会使转向盘自由行程增大，甚至转向不灵、自动跑偏。

（5）前轴弯曲变形、转向节轴变形、摇摆轴支架松动、前轴倾斜、转向器壳体与变速器壳体连接件松动等，使操纵转向盘时前轮反应迟钝，从而使拖拉机跑偏。

（6）拖拉机在路面上行驶时，由于路面崎岖不平或有石块等障碍，前轮自动转向，转动转向盘不能立刻控制住方向，使拖拉机前轮自动跑偏。

（7）进行犁耕作业时，机具不配套，产生偏牵引。

(8) 轮式拖拉机耕地时，右轮走在犁沟里，左轮走在未耕地上，两侧附着条件不同，使拖拉机偏转。

3. 转向沉重

由于拖拉机转向机构各连接部位磨损松旷、机件变形和保养调整不当、缺少润滑等原因，拖拉机行驶时转向沉重，转向的灵活性降低。

1）故障现象

两手交替转动转向盘感到很费力，驾驶操纵困难，拖拉机转向迟缓、转向困难或不灵活。拖拉机转向沉重、费力，不仅易使驾驶员疲劳，还易发生农机作业事故。

2）诊断方法

在测试路面上行驶，两手交替转动转向盘，查看是否费力。

3）故障分析

(1) 前轮轮胎气压不足。轮胎气压过低，着地面积增大，回转阻力增大，使转向沉重。

(2) 前桥变形或转向节弯曲变形。前轮定位参数不对，如前轮外倾角变小，增大了阻止导向轮偏转的力矩，从而使拖拉机转向沉重。

(3) 转向器零件磨损或轴承磨损后调整不及时，或转向器调整不当，如转向器两个圆锥滚子轴承轴向间隙过小、蜗杆与蜗轮啮合间隙过小、蜗轮轴与调心衬套间隙过小，导致拖拉机转向沉重。

(4) 前轮转向节立轴推力轴承或转向节主销与铜套严重磨损，或者装配过紧，或者立轴衬套等无润滑脂、干摩擦，使转向节立轴转动不灵活，导致拖拉机转向困难。

(5) 转向直拉杆、横拉杆上球节销与球节销座装配过紧，或者各拉杆球形关节无润滑脂、干摩擦，运动不灵活，造成拖拉机转向沉重。

(6) 轮式拖拉机跑偏也给拖拉机转向操纵带来困难。

4. 转向不灵敏

转向不灵敏又可称为转向盘自由行程过大。

1）故障现象

拖拉机保持直线行驶位置静止不动时，转向盘左右转动的游动角度太大。具体表现为拖拉机转向时感觉转向盘松旷量很大，需用较大的幅度转动转向盘，方能控制拖拉机的行驶方向；而在拖拉机直线行驶时又感到行驶方向不稳定。

2）故障主要原因及处理方法

转向盘自由行程过大的根本原因是转向系统传动链中一处或多处的配合因装配不当、磨损等而松旷，具体原因及处理方法如下。

(1) 转向器主、从动啮合部位间隙过大或主、从动部位轴承松旷，应调整或更换。

(2) 转向盘与转向轴连接部位松旷，应调整。

(3) 转向垂臂与转向垂臂轴连接松旷，应调整。

(4) 纵、横拉杆球头连接部位松旷，应调整或更换。

(5) 纵、横拉杆臂与转向节连接松旷，应调整或更换。

(6) 转向节主销与衬套磨损后松旷，应更换。

(7) 车轮轮毂轴承间隙过大，应更换。

3）故障诊断方法

转向系统传动链中一处或多处连接的配合间隙过大造成转向盘自由行程过大，诊断时，可从转向盘开始检查转向系统各部件的连接情况，看是否有磨损、松动、调整不当等情况，找出故障部位。

5. 转向轮抖动

1）故障现象

拖拉机在某低速范围内或某高速范围内行驶时，出现转向轮各自围绕自身主销进行角振动的现象，尤其是高速行驶时，转向轮摆振严重，握转向盘的手有麻木感，甚至在驾驶室可看到车头晃动。

2）故障主要原因及处理方法

转向轮抖动的根本原因是转向轮定位不准，转向系统连接部件之间松旷，旋转部件动不平衡。具体原因及处理方法如下。

(1) 转向轮旋转质量不平衡或转向轮轮毂轴承松旷，应校正动平衡或更换轴承。

(2) 转向轮使用翻新轮胎，应更换。

(3) 两转向轮的定位不正确，应调整或更换部件。

(4) 转向系统与悬挂系统运动时发生干涉，应更换部件。

(5) 转向器主、从动部分啮合间隙或轴承间隙太大，应调整或更换轴承。

(6) 转向器垂臂与其轴配合松旷或纵、横拉杆球头连接松旷，应调整或更换。

(7) 转向器在车架上的连接松动，应紧固。

(8) 转向轮所在车轴的悬挂减振器失效或左、右两边减振器效能不一，应更换。

(9) 转向轮所在车轴的钢板弹簧U形螺栓松动或钢板销与衬套配合松旷，应紧固或调整。

(10) 转向轮所在车轴的左、右两边悬挂的高度或刚度不一，应更换。

任务实施

实施转向系统的故障诊断与排除作业

进行转向系统的故障诊断与排除作业前，要做好前期技术资料熟悉、工量具及安全操作准备工作，然后进行相关作业。

拖拉机行驶中转向沉重故障诊断与排除作业工单见表6.3。

思考与练习

(1) 如果转向球接头磨损严重或生锈卡滞,将分别造成何种转向后果?

(2) 试述转向时方向盘不能自动回位的故障原因及排除方法。

(3) 在松开某拖拉机方向盘时,方向盘自动转动,试分析该故障原因及排除方法。

项目6　习题

任务检查与评价

表 6.3　拖拉机行驶中转向沉重故障诊断与排除作业工单

型号	编号	上次保养日期	行驶时间/h	保养日期
说明：认真阅读本拖拉机图册，准备好相应的工具、量具、专用工具及其他辅助设备。				

序号	操作内容	操作说明	所需工具
10	检查前轮轮胎气压	检查轮胎气压情况	气压表
20	变形检查	检查前轮转向节是否弯曲变形、前轴是否变形等	专用工具
30	磨损检查	① 若顶起前桥后仍感到转向沉重，则故障部位在转向器和转向传动机构，检查滚轮两边的间隙。 ② 前立轴推力轴承或转向节主销与铜套严重磨损	专用工具、量具
40	配合检查	检查配合是否过紧、润滑是否良好	专用工具
		（表格根据需要添加）	
建议事项：			

检查：

(1) 任务准备是否充分；

(2) 任务工单的完成情况；

(3) 对转向系统故障的认知情况；

(4) 整理设备和现场；

(5) 优化与创新。

评估：

续表

考评项目	自我评估	组长评估	教师评估	权重分
劳动纪律				5
安全、环境意识				5
任务方案				5
实施过程				15
工量具使用				5
完成情况				15
分工与协作				10
创新思路				10
综合评价				30
合计				100

操作者签名：　　　　　　　　组长签名：　　　　　　　　教师签名：

项目 7
行驶系统的拆装与维修

项目描述

行驶系统主要作用是拖拉机的行驶操纵、拖拉机的全重支承和牵引力的产生。拖拉机的常见行驶装置有轮式与履带式两种类型。通过轮式及履带式拖拉机行驶系统的拆装与维护作业，掌握行驶系统的组成和类型，能够熟练地选择适当的工具拆装行驶系统，能正确检查和调整前轮前束、前轮轴承间隙等。

项目任务

(1) 轮式拖拉机行驶系统的拆装与维护。
(2) 履带式拖拉机行驶系统的拆装与维护。

项目目标

(1) 能描述行驶系统的用途及工作原理。
(2) 能选择适当的工具拆装拖拉机行驶系统。
(3) 能有效地对行驶系统零部件进行检修。
(4) 会诊断和排除拖拉机行驶系统的故障。
(5) 培养学生严谨务实的工匠精神。
(6) 培养学生的质量意识和诚信意识。
(7) 培养学生遵守操作工艺规范的意识。
(8) 培养学生的综合应用能力和团队协作意识。

任务 7.1　轮式拖拉机行驶系统的拆装与维护

任务目标

(1) 了解轮式拖拉机行驶系统的基本功用、类型、组成及工作原理。
(2) 了解典型轮式拖拉机行驶系统的结构。
(3) 能选用适当工具对轮式拖拉机行驶系统进行拆装及维护。
(4) 培养学生严谨务实的工匠精神。
(5) 培养学生遵守操作工艺规范的意识。

任务准备

行驶系统把发动机产生的扭矩转变为驱动轮所需的驱动扭矩，驱动扭矩带动轮胎旋转，变为拖拉机所需的工作牵引力，同时辅助转向系统辅助转向部件运动；其行驶装置负责支承拖拉机的全重并保证拖拉机正常行驶。拖拉机的常见行驶装置有轮式和履带式两种类型。因此，拖拉机可分为轮式拖拉机和履带式拖拉机。

1. 拖拉机行驶系统的功用

行驶系统相当于拖拉机的骨架，其具体功能体现在以下 4 个方面。

1）驱动力的传递与转换

将发动机产生的转矩传递到行驶装置上，带动行驶装置(轮或履带)转动；行驶装置旋转时与地面产生的各向摩擦力反作用到拖拉机上使其移动。

2）减震

尽可能缓和不平路面对车身造成的冲击和震动，保证拖拉机行驶的平顺性。

3）执行转向

接收转向系统传递过来的转向信号，执行转向动作，正确控制拖拉机的行驶方向，可以保证拖拉机行驶过程中的稳定性。

4）连接与支承

将拖拉机各部分连接成一个整体，为其他设备提供支架，并支承拖拉机的全部重量。

2. 轮式拖拉机行驶系统的组成

轮式拖拉机的行驶系统一般由车架、车桥、车轮及悬架等组成。轮式拖拉机中一般是装在后面的两个后半轴上的车轮起驱动作用，这两个轮称为驱动轮，用来传递发动机的转矩并驱动拖拉机行驶。装在前轴上的两个车轮称为导向轮，导向轮只负责转向，不传递动力，工作中可在转向系统的驱动下偏转一定角度，完成转向。

拖拉机一般由后轮驱动，这类拖拉机前、后轮直径差较大，但有的拖拉机为了增大驱动力，采用四轮驱动，即前轮也由发动机经传动系统驱动，也就是常说的四轮驱动拖拉机，此时前轴常称为前桥。

3. 轮式拖拉机行驶系统的特点

(1) 轮式拖拉机驱动轮不但直径大而且轮胎面上有较高凸起的花纹，且轮胎多为低压轮胎。

(2) 导向轮相对较小，其轮胎面大多具有环状花纹，可提供较大的侧向阻力，便于转向。另外，导向轮较轻，有时在导向轮轮辐上增挂配重块以调节车体重心。

(3) 不同的拖拉机可以有不同的离地间隙且前、后轮间的轮距可调节。

(4) 拖拉机后桥与机体刚性连接，一般未安装减振器和弹性悬架，前轴与机体为铰链连接。为了改善驾驶员的驾驶条件，有些拖拉机在前轴安装了弹性悬架。

4. 拖拉机车架

车架介于轮式车桥或履带式行驶装置与拖拉机机体之间，支承机体，安装并连接拖拉机发动机、传动系统和行驶系统，使拖拉机各个部分形成一个整体。整体式车架有全梁架式、半梁架式和无梁架式三种类型。

1）全梁架式车架

全梁架式车架又称全架式车架，它是一个完整的框架，拖拉机的所有部件都安装在这个框架上。部件的拆装较为方便，但金属消耗多。车架在工作中一旦变形，会使各部件间的相对位置变动，影响零件的正常工作，且零件容易损坏。

现在只有少数履带式拖拉机使用这种车架，轮式拖拉机一般不采用，但在汽车、农用三轮运输车这类轻载车辆上使用较多。履带式东方红-802 型拖拉机的车架由用两根槽钢做成的纵梁和前横梁、后轴、后横梁等组成，如图 7.1 所示。

2）半梁架式车架

半梁架式车架又称半架式车架，其前半部分由一根横梁和两根纵梁组成，用来安装发动机和前轴等，后半部分由传动系统的壳体组成。这种结构安装、拆卸、维修发动机方便，不必拆开整台拖拉机，具有较好的结构刚度，一般应用在一些履带式拖拉机和小型轮式拖拉机上。

泰山-12 型四轮拖拉机、东风-12 型手扶拖拉机、东方红-1002/1202 型拖拉机、铁牛-554/654 型拖拉机等均采用半梁架式车架。其结构如图 7.2 所示。

3）无梁架式车架

无梁架式车架又称无架式车架，无架式车架没有梁架，其由拖拉机的发动机壳、变速器壳、后桥壳组成。采用这种车架的拖拉机重量轻，结构简单，省材，车架刚度高，不易变形。

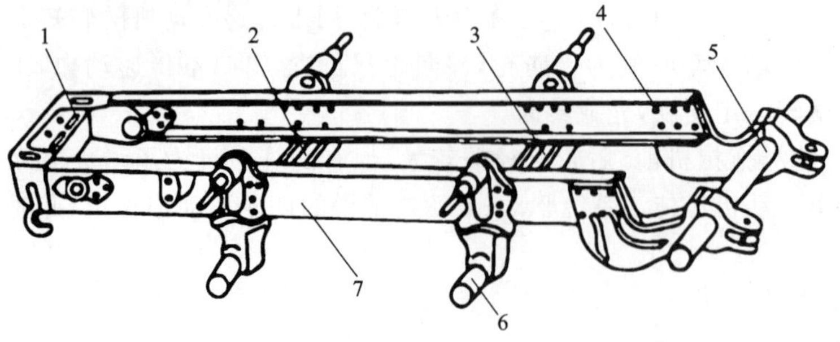

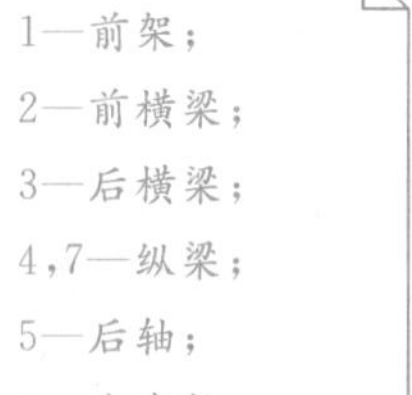

图 7.1 履带式东方红-802 型拖拉机车架

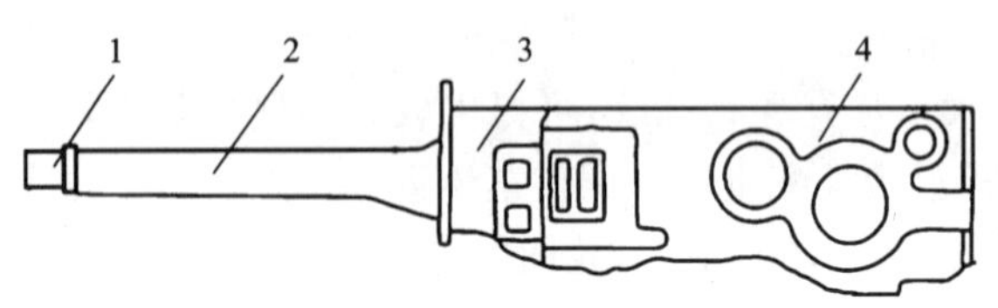

1—前横梁；
2—纵梁；
3—离合器壳；
4—变速器和后桥壳

图 7.2 半梁架式车架结构

无架式车架对装配技术要求较高，拆装某一部件时需要将拖拉机从离合器与变速器连接处断开。现国产大部分拖拉机都采用这种无架式车架，其结构如图 7.3 所示。

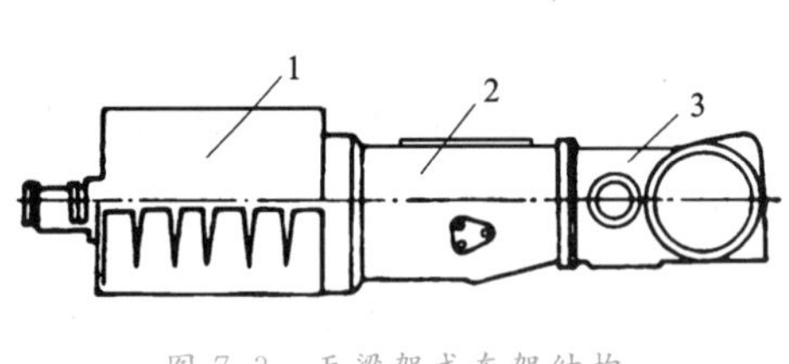

图 7.3 无梁架式车架结构

5. 转向桥与转向轮定位

一般拖拉机前桥即转向桥。四轮驱动拖拉机前桥既作为转向桥又作为驱动桥，故又称为转向驱动桥。

拖拉机前桥用来安装前轮，其作用是迫使拖拉机转向，也是拖拉机机体的前支承，承受拖拉机前部质量。如图 7.4 所示的轮式拖拉机前桥，其结构形式有单前轮式、双前轮并置式和双前轮分置式三种。

单前轮式和双前轮并置式前桥位于中间，具有相对较小的转弯半径，离地间隙仅受后桥高度影响，所以可做得较大，适于高秆作物行间作业。但其稳定性较差，仅应用于少数中耕型拖拉机上。大部分拖拉机采用双前轮分置式前桥，相比前者，其行驶稳定性更好，而且轮距可调。

为保证拖拉机在不平地面上行驶时前轮不悬空，双前轮分置式前桥与发动机机体通过

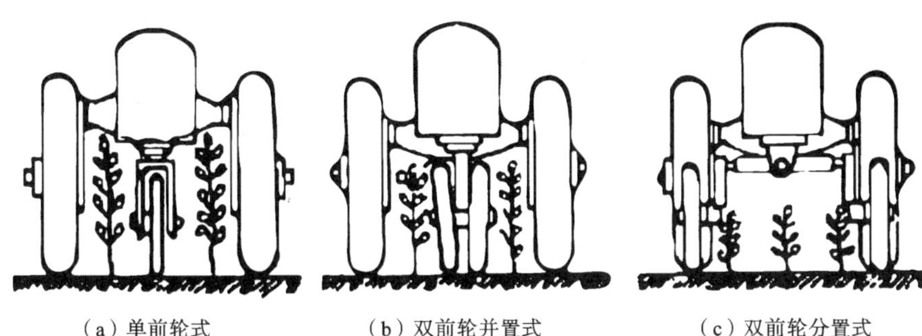

（a）单前轮式　（b）双前轮并置式　（c）双前轮分置式

图 7.4　轮式拖拉机前桥形式

摇摆轴铰链连接，从而保证拖拉机行驶的稳定性。但前轴摆动角度一般为 10°～14°。

双前轮分置式前桥的轮距可调，这是由于这种前桥都被做成可伸缩式，有以下两种常用结构形式：一种是伸缩板梁式，如丰收-35 型拖拉机等；另一种是伸缩套管式，其套管断面形式主要有矩形、梯形和圆形三种。采用前两种形式可防止伸缩套管在前轴套管内转动，对前轮定位参数的变化影响比圆形的小。

由于拖拉机相较其他机动车辆具有低速行驶特性，轮胎又具有一定的减振和缓冲作用，拖拉机普遍采用刚性结构的前轴以简化结构。但是，随着拖拉机作业速度的提高和运输作业的增加，一些拖拉机采用了带弹性悬架的前轴，可提高驾驶员的舒适性，缓解因为振动和噪声产生的疲劳，预防职业病，等等。

1）SH500 型拖拉机转向桥

SH500 型拖拉机转向桥如图 7.5 所示。其转向轮支架内套管焊接组件的管内装有转向节带主销组件，主销与转向轮支架衬套和止推轴承配合，主销下端与转向节配合后再焊接成一体，主销上端通过半圆键和转向节臂连接。转向轮安装在前轮轮毂上，转向节上装有油封和圆锥滚子轴承，转向节轴端装有开槽螺母，用来调整轴承间隙，同时可防止前轮轮毂松脱。

2）东方红-550 型拖拉机转向桥

东方红-550 型拖拉机转向桥如图 7.6 所示。其转向桥也为伸缩套管有级调节平衡臂式。

在前桥支架的上方装有发动机冷却水箱和蓄电池，其前方连接前配重托架，靠两排螺栓紧固；后方连接发动机前支架，分别靠螺栓和定位销紧固与定位。摇摆轴安装在前托架下方的摇摆轴座孔内，穿过摇摆轴座孔的摇摆轴连接到前轴上的摇摆轴套管。摇摆轴一端通过锁片固定在前桥支架上。当前轴摆动时，摇摆轴与摇摆套管两端的摇摆轴衬套配合形成转动摩擦副。

该型拖拉机的伸缩套管与 SH500 型拖拉机的结构相同，只是在调整轮距时，需要同时调整转向横拉杆的长度及转向油缸安装位置（注：SH500 型拖拉机采用双侧纵拉杆转向方式，无转向横拉杆）。

3）转向轮定位

对于偏转前轮转向拖拉机，为了保证其直线行驶的稳定性、转向轻便以及减少行驶中轮胎的磨损，由拖拉机设计制造及装配来保证转向轮、主销相对前轴倾斜一定的角度。这种具有一定位置关系的安装，称为转向轮定位。它包括主销内倾、主销后倾、转向轮外倾和前轮前束，俗称“三倾一束”。

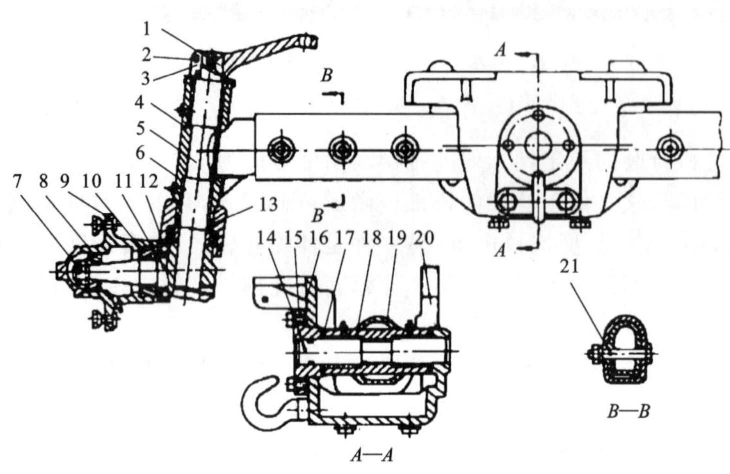

1—半圆键；2—螺栓；
3—转向节臂；
4—转向轮支架内套管焊接组件；
5—转向节主销；
6—转向轮支架衬套；
7—开槽螺母；8—轴承；
9—前轮轮毂；10—轴承；
11—转向节；12—油封；
13—止推轴承；
14—摇摆轴；
15—摇摆轴座；
16—摇摆轴座调整垫片；
17—前轴支架片；
18—摇摆轴衬套；
19—外套管组件；
20—前轴支架；
21—螺栓

图 7.5　SH500 型拖拉机转向桥

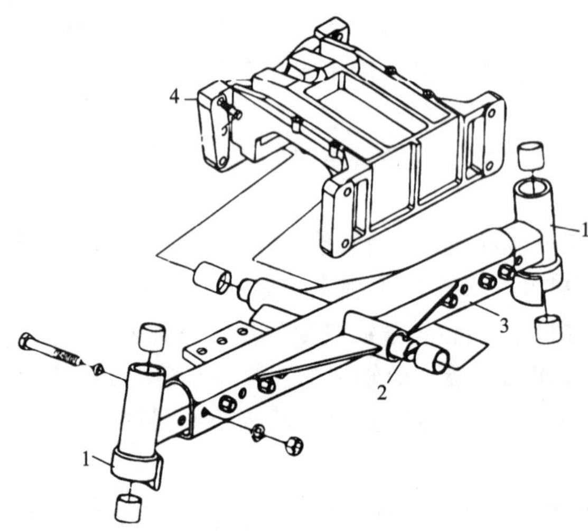

1—副套管总成；
2—摇摆轴；
3—套管焊合件；
4—前托架

图 7.6　东方红-550 型拖拉机转向桥

（1）主销内倾。

主销内倾即主销在拖拉机横向平面内并不垂直于地面，而是其上端向内倾斜一个角度 β，β 称为主销内倾角，如图 7.7 所示。

主销内倾的功用如下。

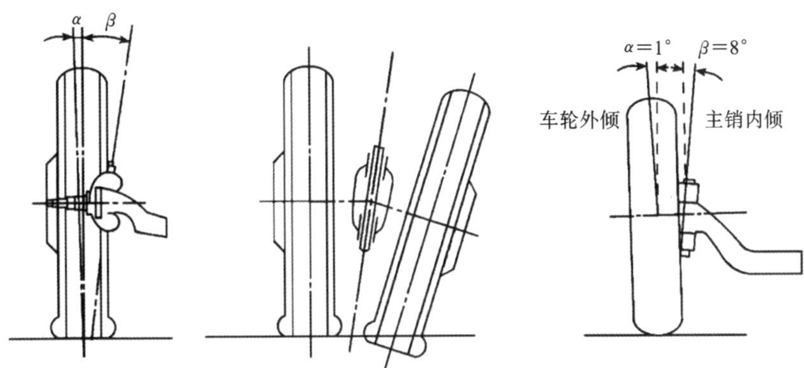

图 7.7　转向轮主销内倾示意图

① 转向轻便，减小转向盘的转向阻力。

② 减小转向盘上的冲击力。

③ 使转向轮在行驶中偏转后能够自动回正，确保拖拉机直线行驶稳定性。

通常情况下，拖拉机主销内倾角 $\beta \leqslant 8°$。

(2) 主销后倾。

主销后倾即从拖拉机纵向切面看，主销正上方向后倾斜一个角度 γ，γ 称为主销后倾角，如图 7.8 所示。

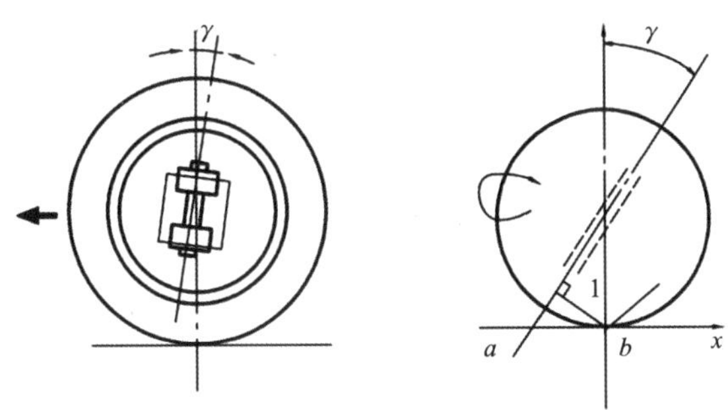

图 7.8　转向轮主销后倾示意图

主销有一定的后倾角后，主销延长线与地面的交点向前偏移了一段距离，转向后地面作用在车轮上的侧向力对主销形成一个转矩，该转矩使前轮自动回正。

因此，主销后倾的功用是：提高拖拉机直线行驶的稳定性，并使转向后的车轮自动恢复到直线行驶状态，即拖拉机自动回正。

一般情况下，拖拉机主销后倾角为 0°～5°。

(3) 转向轮外倾。

转向轮外倾是指转向轮向外倾与拖拉机纵向垂直平面形成一个角度 α，α 称为转向轮外倾角，如图 7.7 所示。转向轮外倾的主要作用是使转向轮工作时更安全、可靠，操纵更轻便，具体表现在以下三个方面。

① 减小轮毂外侧小轴承的受力，防止轮胎向外滑脱。

② 便于与拱形路面接触。

③ 防止车轮出现内倾。

转向轮外倾是靠转向轮轴向下倾斜而形成的。转向轮外倾使力臂减小，从而使转向轻便。此外，转向轮外倾后，地面对转向轮的垂直反力的轴向分力指向轴承的根部，使车重和载荷作用在转向轮内侧大轴承上，还可抵消转向或横坡作业时所受向外的部分轴向力，以减小轴端负荷，从而使转向节不易折断，转向轮不易产生松动或脱落的危险。拖拉机转向轮外倾角一般为 1.5°～ 4°。

(4) 前轮前束。

7.1 前轮前束的检查与调整

前轮前束是指从俯视角度看前轮的前端在水平面上向内收缩一段距离或角度，如图 7.9 所示。两前轮最前端的距离 B 小于后端的距离 A，称 A、B 之差为前轮前束值。其大小可通过调整转向横拉杆的长度来调整，通常前轮前束值为 0～12 mm，前轮前束调整也是转向轮定位中唯一可自由调整的项目。

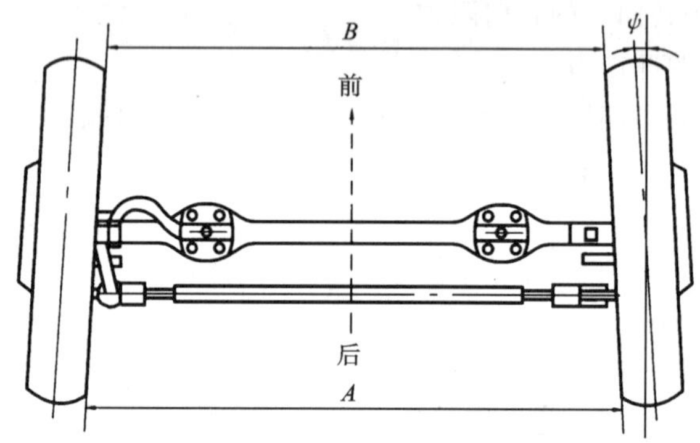

图 7.9 拖拉机前轮前束(俯视图)

前轮前束的功用是：减少轮胎的磨损，保证转向轮相互平行地沿直线行驶，消除转向轮外倾所带来的不良影响，可防止车轮在地面上出现半滑动、半滚动的现象。

转向轮外倾后，在行驶过程中就有使车轮向外滚动的趋势。但由于转向横拉杆的约束，车轮不能向外滚动，而使车轮在地面上出现边滚边滑的现象，从而加速轮胎的磨损。有了前束后，转向轮在每一瞬间与地面均形成纯滚动状态，从而能减小轮毂外轴承压力和减少轮胎磨损。

6. 轮式拖拉机行走装置

1）车轮

车轮用来承受拖拉机机体的全部重量，传递由轮胎与地面间的摩擦力产生的驱动力矩和制动力矩，保证拖拉机与路面间有良好的附着性，确定拖拉机的行驶方向，以及和悬架共同缓和路面的冲击、减少振动，保证拖拉机在地面上能够可靠行驶。车轮一般由轮毂、轮辋、轮盘及轮胎等组成。拖拉机的车轮可分为转向前轮和驱动后轮(见图 7.10)。它们都采用低压充气橡胶轮胎。

2）轮盘

轮盘用于连接轮辋和轮毂。其一般有两种结构形式，即盘式和辐条式。

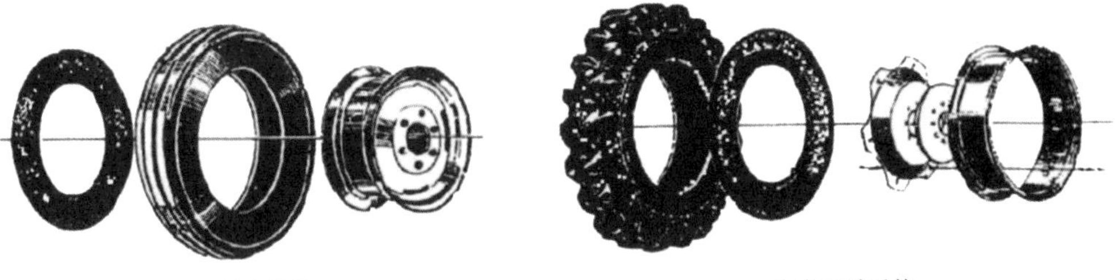

图 7.10　拖拉机前、后轮

(1) 盘式轮盘。

盘式轮盘如图 7.11 所示。其一般是经冲压制成的钢质圆盘，与轮辋焊接或铆接成一体，少数是和轮辋直接铸造成一体。有些盘式轮盘上开有较大的孔，目的是减轻轮盘的重量并有利于制动鼓散热，当轮胎充气时也便于接近气门芯。盘式轮盘强度大、刚度高，多用于载荷大的车轮上。

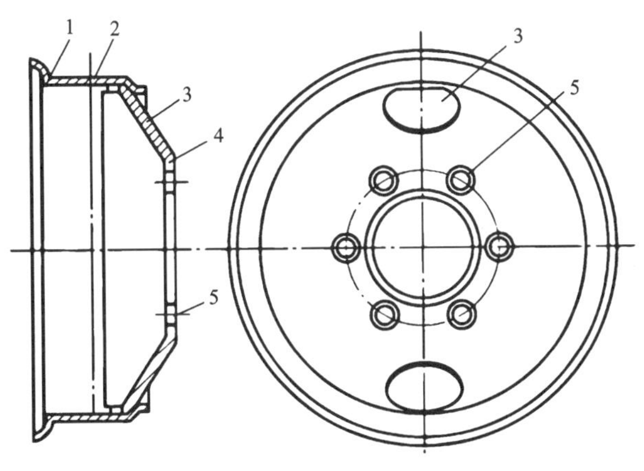

1—轮辋；
2—气门嘴伸出孔；
3—辐盘孔；
4—辐盘；
5—螺栓孔

图 7.11　盘式轮盘

(2) 辐条式轮盘。

辐条式车轮的轮盘是和轮毂铸成一体的铸造辐条。辐条式车轮一般用于赛车和某些高级轿车上。用于装载质量较大的重型汽车上的铸造辐条式车轮的结构如图 7.12 所示。

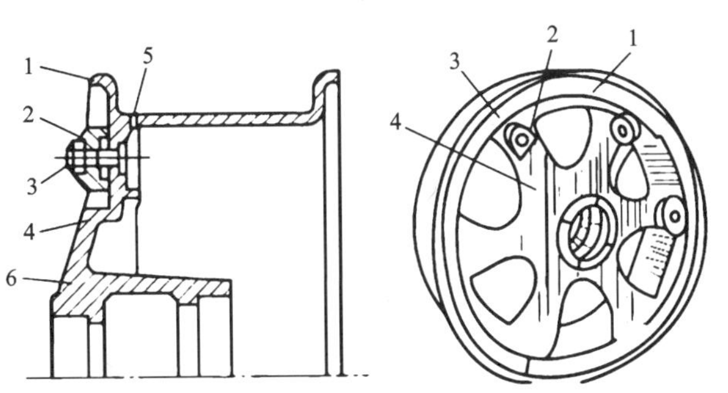

1—轮辋；
2—衬块；
3—螺栓；
4—辐条；
5—配合锥面；
6—轮毂

图 7.12　铸造辐条式车轮的结构

在这种结构的车轮上，轮辋 1 用螺栓 3 和特殊形状的衬块 2 固定在辐条 4 上。为了使轮辋与辐条很好地对中，在轮辋和辐条上都加工出配合锥面 5。

3）轮胎

轮胎主要用于支承拖拉机的自重和负荷，吸收路面冲击，传递驱动力和制动力，与地面接触产生附着力驱动拖拉机行驶。

轮胎按胎体结构不同，可分为充气轮胎和实心轮胎。充气轮胎按组成结构不同，可分为有内胎轮胎和无内胎轮胎两种。拖拉机几乎都采用带内胎的充气轮胎。充气轮胎按胎体中帘线排列的方向不同，可分为普通斜线胎和子午线胎。

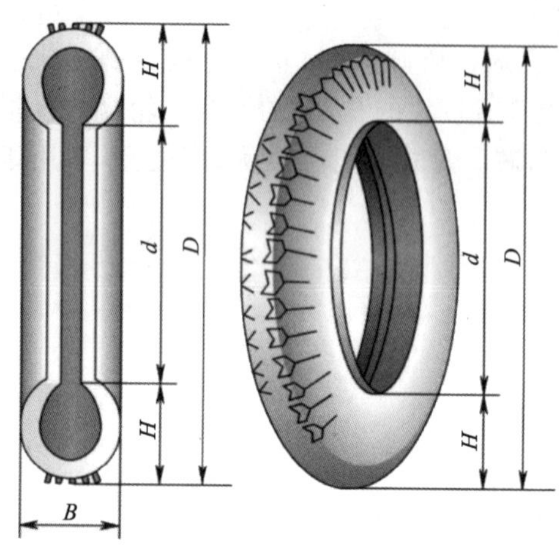

图 7.13　轮胎尺寸标记

轮胎规格标记方法如下：一般用轮胎的外径 D、轮辋的直径 d、断面宽度 B 和断面高度 H 的公称尺寸来表示轮胎的基本尺寸，如图 7.13 所示。基本尺寸的单位有英制、公制和公英制混合 3 种。轮胎的其他性能用字母表示。

目前，常用的表示方法如下。

高压胎一般用两个数字中间加“×”号表示，可写成 $D\times B$。由于 B 约等于 H，故选取轮辋直径 d 时可按 $d = D-2B$ 来计算。例如 34×7，即表示轮胎外径 D 为 34 in，断面宽度为 7 in，中间的“×”表示高压胎。

低压胎也是用两个数字中间加“－”号表示，写成 $B-d$。例如 9.00－20，第 1 个数字表示轮胎断面宽度为 9 in，第 2 个数字表示轮胎内径为 20 in，中间的“－”表示低压胎。公制可写为 228－508，混合制则可写为 228－20。

轮胎的层级用“PR”表示。它不代表实际的层数，而是表示可承受的载荷。一般标在轮辋直径后，用“－”相连。例如 9.00－20－12PR，表示可承受相当 12 层棉帘线的负荷。有的在层级后面又标明帘线材料类型，我国的代号中，M 表示棉线，R 表示人造丝，N 表示尼龙。

任务实施

实施轮式拖拉机前桥维护保养作业

1. 轮式拖拉机行驶系统的使用与保养

（1）及时清除行驶系统各部位的泥土、杂草，检查各连接件的紧固情况。

（2）轮式拖拉机行驶装置在使用中要注意前束的调整、前轮轴承间隙的调整、轮距的调整，保持正常的胎压，避免急刹车或高速急转弯。

(3) 在使用中,尽量避免进行偏牵引作业。

轮式拖拉机前桥的拆装主要包括前桥总成的车上拆装、前桥的解体和装配以及前桥的调整等方面。

2. 轮式拖拉机前轮定位

在作业前做好前期技术资料熟悉、工量具及安全操作准备工作,然后进行相关作业。

拖拉机前轮前束的检查与调整作业工单见表7.1。

思考与练习

(1) 转向轮定位有哪些参数? 各有何作用?

(2) 四轮驱动拖拉机的前桥如何进行轮距调整?

(3) 请查找资料,搜寻非书中所介绍的轮距调整方法。

任务检查与评价

表 7.1 拖拉机前轮前束的检查与调整作业工单

型号	编号	上次保养日期	行驶时间/h	保养日期
说明：认真阅读本拖拉机图册，准备好相应的工具、量具、专用工具及其他辅助设备。				

序号	操作内容	操作说明	所需工具
10	检查前轮前束	① 找到前轮中心点。 ② 将中心点高度平移到前轮最前方和最后方的胎面上，做好记号。 ③ 用直角尺将4个点垂直投影在水平地面上。 ④ 用卷尺测量前、后端距离，后端距离减前端距离即前束值	
20	调整前轮前束	① 松开横拉杆锁紧螺母，转动横拉杆，使其达到规定值。 ② 复查调整结果，紧固锁紧螺母	专用工具
		（表格根据需要添加）	
建议事项：			

检查：

(1) 任务准备是否充分；

(2) 任务工单的完成情况；

(3) 对轮式拖拉机行驶系统的整体认知情况；

(4) 整理设备和现场；

(5) 优化与创新。

评估：

续表

考评项目	自我评估	组长评估	教师评估	权重分
劳动纪律				5
安全、环境意识				5
任务方案				5
实施过程				15
工量具使用				5
完成情况				15
分工与协作				10
创新思路				10
综合评价				30
合计				100

操作者签名：　　　　　　组长签名：　　　　　　教师签名：

任务 7.2　履带式拖拉机行驶系统的拆装与维护

任务目标

(1) 了解履带式拖拉机行驶系统的基本功用、类型、组成及工作原理。

(2) 了解典型履带式拖拉机行驶系统的结构。

(3) 能选用适当工具对履带式拖拉机行驶系统进行拆装及维护。

(4) 培养学生的质量意识和诚信意识。

(5) 培养学生遵守操作工艺规范的意识。

任务准备

1. 履带式拖拉机行驶系统的特点

履带式拖拉机行驶系统与轮式拖拉机行驶系统的根本功能都是支承拖拉机的车架并使其驱动轮的回转运动转变为拖拉机的直线行驶运动，但它们在驱动结构和转向方式上有较大不同。履带式拖拉机行驶系统的特点主要有：整体结构相对复杂，牵引力大，地形适应性强，能耗更高，离地间隙较小，轨距不可调，且行驶速度较低，质量大，损害地面，在公路上运输需要其他车辆辅助，等等。

(1) 履带的接地支承面积大，对地面的压强小，一般只有轮式拖拉机的 1/10～1/4，因此，在松软的土地上其下陷深度小，拖拉机的滚动阻力小。此外，由于履带支承面上同时与土壤作用的履刺较多，因此它具有较大的牵引力，能适应恶劣的工作条件。

(2) 履带式拖拉机的驱动轮不与地面接触，它在旋转时带动履带滚动，履带与地面接触，拖拉机的全部质量都通过履带作用在地面上，使拖拉机前进、后退和转向。

(3) 履带式拖拉机行驶系统的质量很大，因而运动的惯性也很大，再加之履带行驶装置均为刚性元件，没有轮式拖拉机轮胎那样的缓冲作用。为了缓冲与减振，支重轮与拖拉机机体的连接不能完全采用刚性连接，而设有适当的弹性元件，以缓和地面对机体的冲击。

(4) 拖拉机工作一段时间后各履带板上的履带销会磨损，使履带的张紧程度发生变化，需要调整，因此，履带式拖拉机行驶系统设置了张紧装置。张紧装置不仅可调整履带的松紧，还能起到一定的缓冲作用。导向轮是张紧装置中的一个组成部分，起引导履带正确卷绕的作用，但它不能相对机体发生偏转，因此不能起引导履带式拖拉机转向的作用。

(5) 履带式拖拉机行驶系统结构复杂，消耗金属材料多，磨损较快，维修量大，且对维护人员技术要求较高。由于本身结构所限，其轨距不可调，行驶速度也较慢。

综上所述,履带式拖拉机主要用于恶劣地形且需要大牵引力的作业。

2. 履带式拖拉机行驶系统的基本组成

履带式拖拉机的行驶系统主要由悬架、履带行驶装置和车架等部分组成,如图 7.14 所示。悬架的功用是把履带行驶装置和机体连接起来,并将拖拉机重量传给支重轮。履带行驶装置的功用是支承机体,张紧并引导履带的运动方向,以及保证拖拉机行驶。它由驱动轮、导向轮、支重轮、托带轮和履带以及张紧装置组成。车架是拖拉机的骨架,它将拖拉机行驶系统连成一体,由于它和行驶系统关系较密切,故有时也把车架列入行驶系统的一部分。

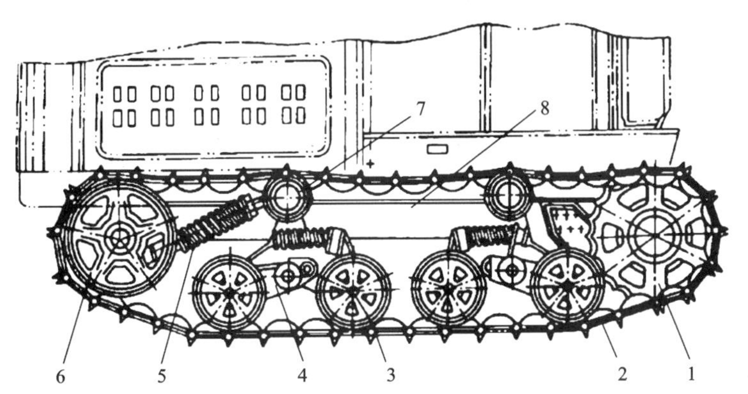

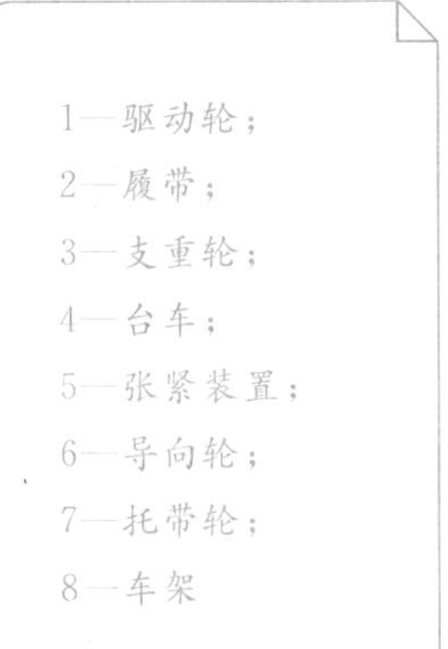

图 7.14　履带式拖拉机行驶系统

履带式拖拉机上的驱动轮、导向轮、支重轮、托带轮及履带俗称“四轮一带”。

履带式拖拉机的行驶原理是:通过一条卷绕的履带支承在地面上,履带上的履刺插入土壤,而驱动轮不直接接地。驱动轮在驱动扭矩作用下不断把履带从后方卷起,接地的那部分履带给土壤一个向后的作用力,而土壤相应地给履带一个向前的反作用力,这个力就是推动履带式拖拉机前进的驱动力,它通过卷绕在驱动轮上的履带传给驱动轮轮轴,再由轮轴通过机体传到支重轮上。当此力足以克服滚动阻力和拖拉机所带农具的阻力时,支重轮就在履带上向前滚动,使履带式拖拉机向前行驶。

3. 履带式拖拉机的悬架

机体的重量通过悬架作用在支重轮上,履带和支重轮在行驶过程中所受的冲击也经悬架传给机体。

悬架分为弹性悬架、半刚性悬架和刚性悬架,如图 7.15 所示。弹性悬架是指机体重量全部经弹性元件传递给支重轮;半刚性悬架是指机体重量分别经弹性元件和刚性元件同时传递给支重轮;刚性悬架是指支重轮与机体完全刚性连接。而目前农用履带式拖拉机中没有采用刚性悬架。

1)弹性悬架

东方红-75 型拖拉机采用弹性悬架。如图 7.16 所示,8 个支重轮安装在 4 套台车架上。

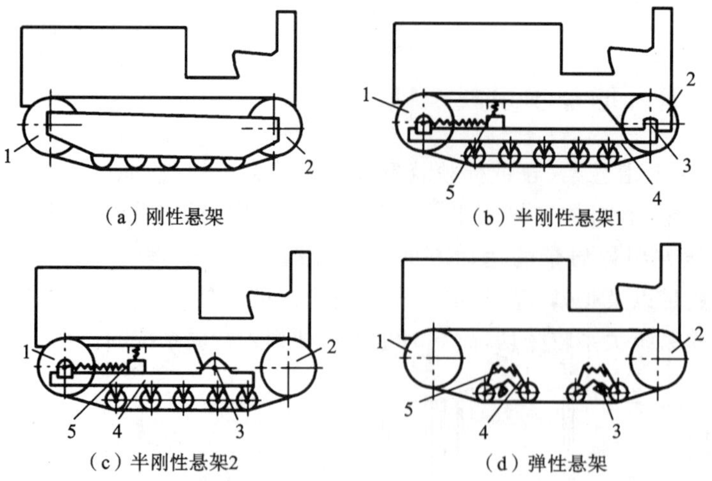

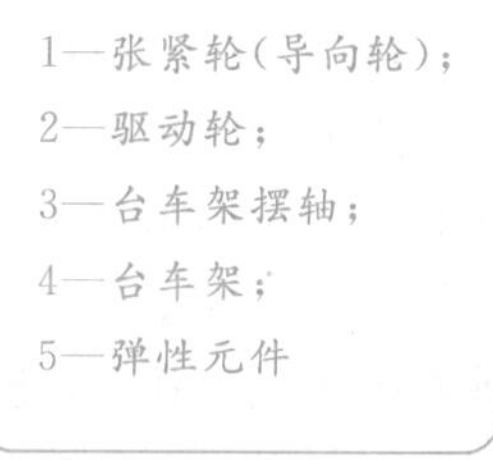

图 7.15 履带式拖拉机悬架示意图

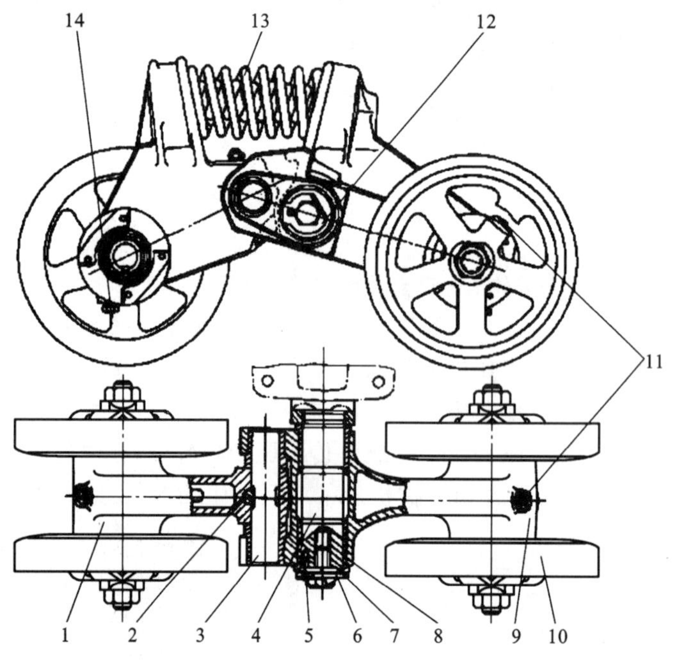

1—内平衡臂;
2—销;
3—摆动轴;
4—轴;
5—定位销;
6—挡圈;
7—调整垫片;
8—轴套;
9—外平衡臂;
10—支重轮;
11—注油螺塞;
12—锁紧片;
13—悬架弹簧;
14—放油螺塞

图 7.16 东方红-75 型拖拉机的弹性悬架

台车架分别与车架的前横梁和后横梁连接。台车架由一对互相铰接的空心平衡臂组成。内、外平衡臂的长度不等,短臂安装在靠近履带行驶装置的中部,长臂则装在履带行驶装置的前或后方。内、外平衡臂用摆动轴 3 铰接。摆动轴 3 凹槽内的销用来防止轴滑出。在长臂镗孔内装有滑动轴承,通过它将整个台车架安装到车架前、后横梁两端伸出的台车轴上,并允许其绕台车轴摆动。悬架弹簧 13 是螺旋弹簧,安装在内、外平衡臂之间,它由两层螺旋方向相反的弹簧组成,用来承受拖拉机的重量和缓和地面对机体的冲击。螺旋弹簧具有较好的柔性,在吸收的能量相同时,其质量和结构尺寸都比钢板弹簧的小,但它只能承受轴向力而不能承受横向力。

如图 7.17 所示，当拖拉机遇到障碍物，将一个臂上的支重轮抬高时，减振弹簧被压缩，台车轴离地高度则不变；越过障碍物后它又在弹簧力的作用下恢复原来的位置。这种悬架能较好地起缓冲作用，并能很好地适应地面不平的情况，适用于较高速度的拖拉机。但是，这种悬架使拖拉机的接地压力很不均匀，因而在松软土地上行驶时滚动阻力较大。

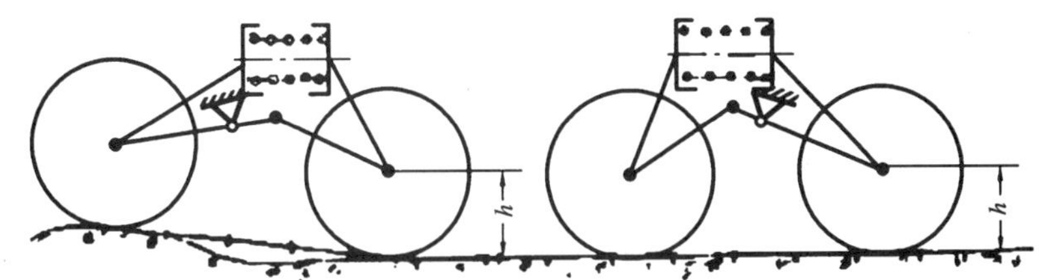

图 7.17　东方红-75 型拖拉机台车架缓冲作用简图

2）半刚性悬架

半刚性悬架在农业和工业用拖拉机中得到广泛的应用。红旗-100 型拖拉机的悬架就是半刚性悬架，如图 7.18 所示。它的台车架摆轴与驱动轮轴重合。

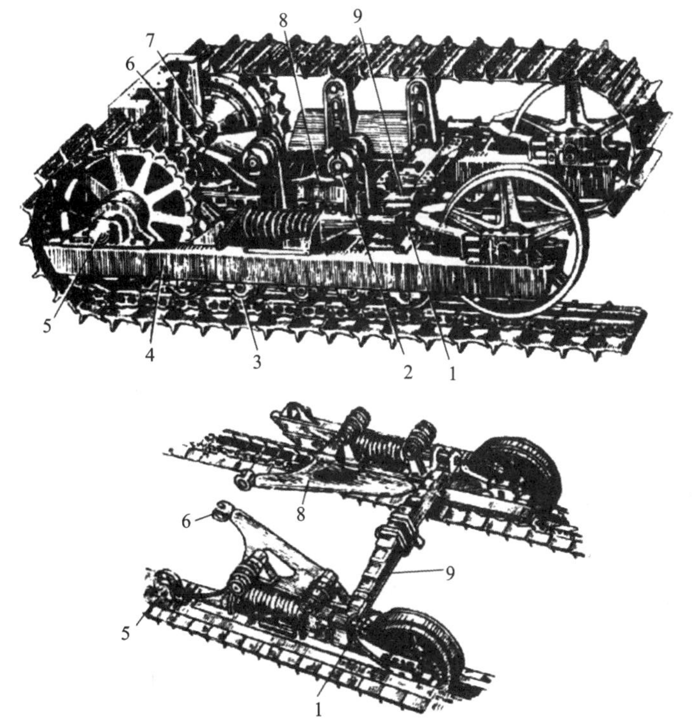

1—张紧装置和导向轮；
2—托带轮；
3—支重轮；
4—支重台车架；
5,6—轴承；
7—后轴；
8—后托架；
9—悬架弹簧

图 7.18　红旗-100 型拖拉机的半刚性悬架

由两根槽钢焊成的台车架的下部刚性地固定着支重轮轴，在其上部借助支承架安装着张紧装置和导向轮，以及托带轮等。

当拖拉机转向时，台车除承受着拖拉机的重量外，还承受着因土壤的横向移动而产生的企图使台车横移的力。为消除台车架的末端轴承上的侧向力，在台车架的后部内侧安装后托架，台车架以其后轴承和后托架尾端轴承安装在机架后轴上。因此，台车架后端与机架是刚性的铰链连接。悬架弹簧的两端放置在两边的台车上，其中央固定在拖拉机机体上。因此，台车架前端与机体是弹性连接，两个台车架各自可绕后轴上、下摆动。

悬架弹簧由大弹簧和两副小弹簧组成，如图 7.19 所示。大弹簧由 4 根 U 形螺栓紧固在支座中，在支座两边的凸耳中放置着两副小弹簧。小弹簧两端卷成耳状，用销轴连接于拉杆上，拉杆再经小轴与固定在机体上的上盖连接。这样，大弹簧就不是直接而是通过小弹簧与机体连接。小弹簧在安装后呈压缩状态。大、小弹簧都是钢板弹簧，起缓冲、减振作用。当大弹簧相对机体倾斜时，小弹簧将进一步变形，其力将促使大弹簧恢复至原来位置，以保持拖拉机的平稳。由于钢板弹簧在变形时中部承受弯矩最大，越向两端弯矩越小，因此用长度不等的钢板叠加成等强度梁，中间厚而两端薄。就钢板的横断面而论，其厚度也不相等，而是中间薄、两边厚，因为钢板弯曲变形时两边的应力最大。钢板弹簧除能承受压力外，还能承受横向力和纵向力。

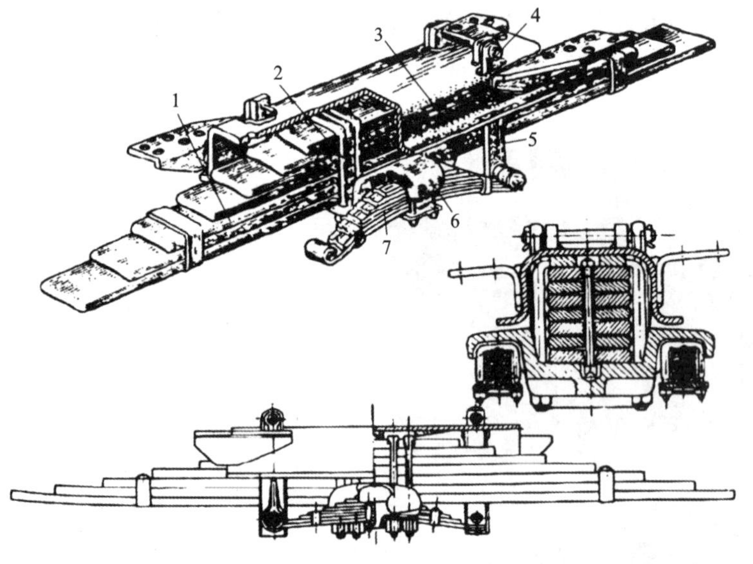

1—大弹簧；
2—U 形螺栓；
3—上盖；
4—小轴；
5—拉杆；
6—支座；
7—小弹簧

图 7.19　红旗-100 型拖拉机的悬架弹簧

半刚性悬架中的台车架是一个极重要的骨架。它本身的刚度和它与机体间的连接刚度对履带行驶装置的使用可靠性和寿命影响很大。因此，为了提高台车架的刚度，在两根槽钢间焊有加强筋和支承板等。后托架是一个很大的铸钢件，焊接在台车架的内侧，以提高台车架与机体间的铰接刚度，承受横向力，防止台车架外撇。

3）履带

履带的功用是保证其与土壤附着，并把拖拉机的重量传递给接地表面。履带的工作条件恶劣，故除要求有良好的附着性能外，它还要有足够的强度和耐磨性。

每条履带都由几十块履带板串接而成。履带板根据其结构不同，可分为整体式和组成式两种类型。

(1) 整体式履带板。

东方红-75型拖拉机采用整体式履带板(见图7.20),其由高锰钢整块铸成。前面一块履带板的销孔对着后面一块履带板的销孔,用履带销将各履带板连接成一整条履带。为防止履带销从销孔中滑出,在履带销的两端安装了垫圈和锁销。支重轮在履带的导轨上滚动,导向凸起卡在支重轮的两个轮缘之间,防止履带横向滑脱。在履带接地的两端都铸有履爪,履带板的中央是空的,仅留一凸起作为与驱动轮啮合的节销。

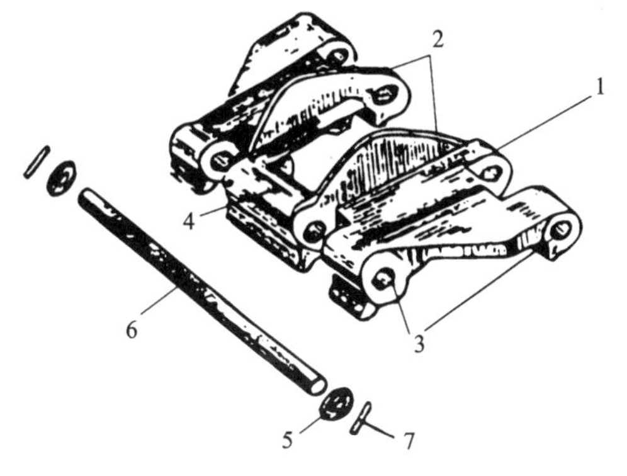

1—导轨;
2—导向凸起;
3—销孔;
4—节销;
5—垫圈;
6—履带销;
7—锁销

图7.20 整体式履带板

整体式履带板结构简单,制造方便,拆装容易,重量也较轻;但由于履带销与销孔之间的间隙较大,泥沙很容易进入,加快销与销孔的磨损,而且磨损后履带板只能整块更换。

图7.21所示为具有节齿的整体式履带板。在履带板中央铸出的半圆形凸起是供驱动轮驱动履带的节齿。

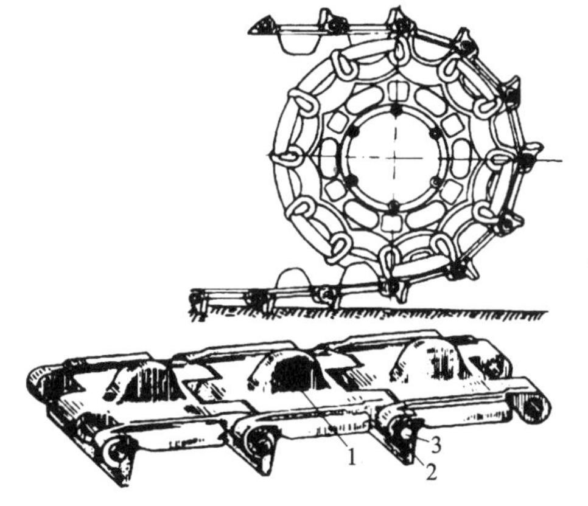

1—节齿;
2—锁销;
3—履带销

图7.21 具有节齿的整体式履带板

(2) 组成式履带板。

红旗-100型拖拉机采用组成式履带板,如图7.22所示。组成式履带板由具有履爪的支承板和两块导轨组成。导轨是支重轮滚动的轨道,每根导轨用两个螺栓连接到支承板上,履带板相互连接的铰链孔位于导轨的两端。在后一块履带板的前铰链孔内压入一个销套,然后使其与前一块履带板的后铰链孔用履带销铰接,该销也是压入的。销和销套具有径向间隙，两者能相对转动。销套的两端伸入前一块履带板导轨凹槽内，使泥沙不易进入履带销和销套的间隙内。销套同时又是驱动轮驱动履带运转的销节。

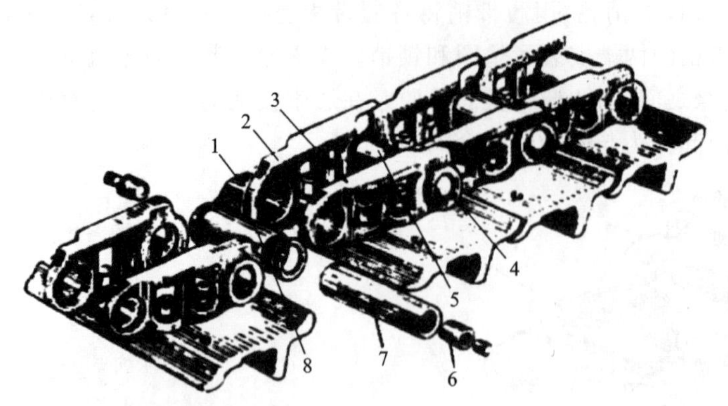

1—支承板；
2,3—导轨；
4—履带销；
5—销套；
6—锥形塞；
7—可拆销；
8—销套

图 7.22　组成式履带板

这种履带的拆装都需要在专用设备上进行。为了轻松解开履带，每条履带中有一个履带销是可拆的。图 7.22 中，销的两端有锥形孔并开有轴向缺口。安装时，在销的两端打入锥形塞，使其胀大并紧固于销孔内；拆卸时，只需利用锥形塞内的螺纹拔出锥形塞，即可抽出销钉，把履带解开。

另一种方法是把导轨分解为两半，如图 7.23 所示。锯齿形的组成式导轨组件分别与前、后履带板连接着的两片导轨用螺钉紧固在一起。拆卸履带时，只需拧开紧固两片导轨的螺钉即可，可大大节省履带拆卸时间。

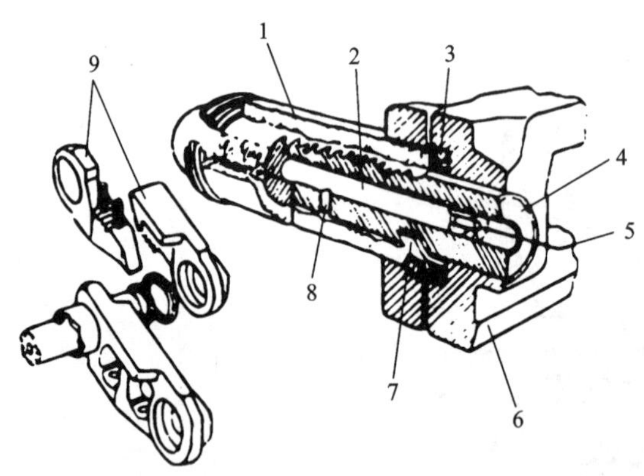

1—销套；
2—油池；
3—密封圈；
4—销子；
5—油堵；
6—导轨；
7—推力环；
8—油道；
9—组成式导轨

图 7.23　组成式履带的拆卸

组成式履带板的优点在于导轨和支承板可分别用不同的材料制造；磨损后可单独更换，不必更换整块履带板。其缺点是质量大，拆装不便，连接螺栓易折断。

4）驱动轮

驱动轮的功用是卷绕履带并与它一起形成拖拉机行驶及牵引农机具所必需的驱动力。驱动轮安装在最终传动的从动轴或从动轮毂上，驱动轮一般用中碳钢铸成，经热处理后齿面不再加工。驱动轮与履带的啮合方式有两种，即节销式和节齿式。东方红-75 型和红旗-100

型拖拉机的驱动轮轮齿与履带板的节销啮合，称为节销式啮合。采用这种啮合方式的履带销所在圆周与驱动轮的节圆近似。驱动轮啮合作用在节销上的压力通过履带销中心。驱动轮轮齿可以依次逐个与履带板节销啮合，也可以隔一个齿与履带板节销啮合。

节齿式啮合就是指驱动轮轮齿与履带板上的节齿啮合。这时履带销所在圆周要比驱动轮的节圆大。轮齿给节齿的作用力不通过履带销中心，使履带销上作用一个附加扭矩，但这种啮合方式的优点是履带板具有较大的刚度。

在大多数拖拉机上，驱动轮为一排齿的，但也有一些拖拉机的驱动轮采用双排齿，如图7.24所示。

（a）东方红-75型拖拉机驱动轮

（b）集材-50型拖拉机的双排齿驱动轮

图7.24 驱动轮

5）张紧装置与导向轮

张紧装置可使履带保持合适的松紧度，减少履带在运动中的弹跳并缓和对导向轮的冲击，从而减少履带销与销孔间的磨损，减小因履带弹跳而引起的冲击载荷和额外的功率消耗；防止遇到障碍物时履带过载或工作过程中脱轨。当拖拉机在行驶中，遇到障碍物或在履带与驱动轮之间卡入石块等硬物而使履带张紧时，导向轮可通过拐轴迫使张紧弹簧压缩而后移，从而起缓冲作用，如图7.25所示。越过障碍物后，导向轮在张紧弹簧的作用下又回到原位。

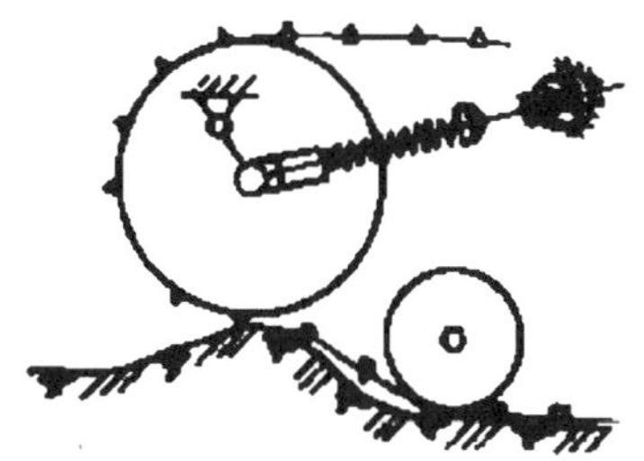

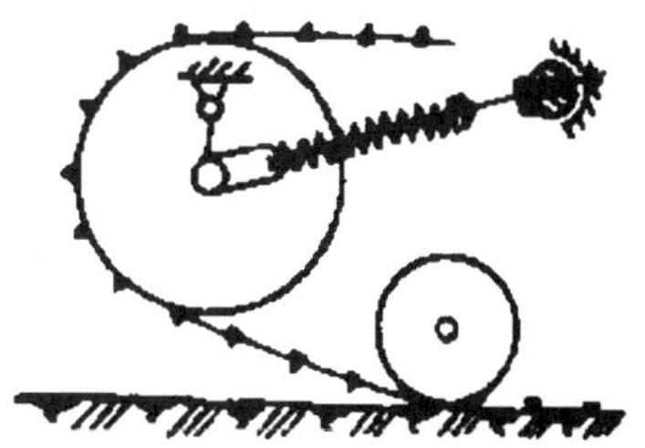

图7.25 东方红-802型拖拉机张紧装置缓冲原理

图7.26所示为东方红-802型拖拉机曲拐式张紧装置和导向轮结构图。拐轴安装在车架前方的支座3的滑动轴套内，在拐轴的外端两个圆锥滚柱轴承上安装着导向轮，其轴承间隙由轴端螺母来调整。导向轮的外方有黄油嘴，内端有端面油封。拐轴固有连接耳，它用销

子与张紧臂连接，张紧臂内有张紧螺杆，缓冲弹簧的一端抵压在张紧臂的弹簧座上，另一端则抵压在用螺母限位的弹簧座上。张紧螺杆的后端用螺母和球形垫圈抵压在支座内。履带松紧度的调整方法是：在平坦的硬地面上，将木条置于两托带轮间履带上，测量履带下垂度最大处和木条间的垂直距离。若履带下垂度不符合要求，应首先检查缓冲弹簧的长度，不符合时转动调整螺母，使张紧螺杆前后移动，使履带松紧度达到上述要求。

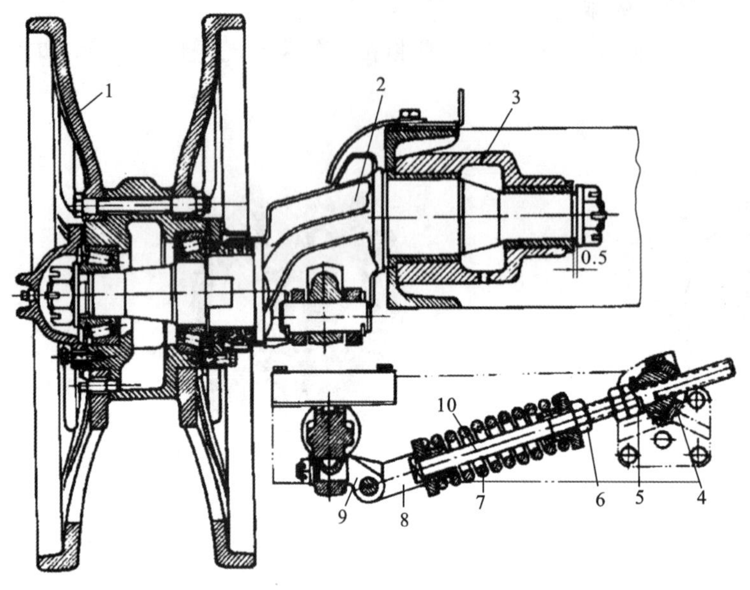

1—导向轮；
2—拐轴；
3，4—支座；
5，6—螺母
7—缓冲弹簧；
8—张紧臂；
9—连接耳；
10—张紧螺杆

图 7.26　东方红-802 型拖拉机曲拐式张紧装置与导向轮结构图

6）支重轮与托带轮

支重轮的作用是支承拖拉机的重量，并通过履带把它传给地面。支重轮在履带导轨面上滚动，还起夹持履带防止横向滑脱的作用。在转向时，支重轮迫使履带在地面上滑移。支重轮常在灰尘和泥水中工作，又承受强烈冲击，工作条件很恶劣，因此要求它密封可靠、轮缘耐磨。农用拖拉机常用直径较小、个数较多的支重轮，以使履带支承面的接地压力均匀，减小拖拉机在松软土壤中工作时的下陷深度。

图 7.27 所示为东方红-802 型拖拉机的支重轮结构的剖面图。每边履带有 4 个双轮圈的支重轮，其支重轮轴由两个圆锥滚柱轴承支承在平衡臂的轴孔中，轴的两端通过平键和螺母装有含锰中碳钢制成的轮缘，轴承用机油润滑，平衡臂上设有加油孔，其也是放油孔。在轴承的外面和轮圈之间装有端面密封装置，以防止机油漏出和外部泥水侵入。

支重轮轴承间隙为 0.3～0.5 mm。当轴承间隙过大时，应先拆下支重轮和密封壳，取出并测量全部调整垫片的总厚度，再单独装上密封壳并压紧，测量密封壳端面与平衡臂凸缘间的间隙，用调整垫片的总厚度减去该间隙值即支重轮的实际轴承间隙，去垫片可使轴承间隙减小。

图 7.28 所示为东方红-802 型拖拉机的托带轮。

托带轮用来托住履带上方区段，防止履带下垂度过大，以减小履带运动的振跳，并防止履带侧向滑脱。托带轮个数一般为每边 1 或 2 个，也有的拖拉机不装托带轮。托带轮受力

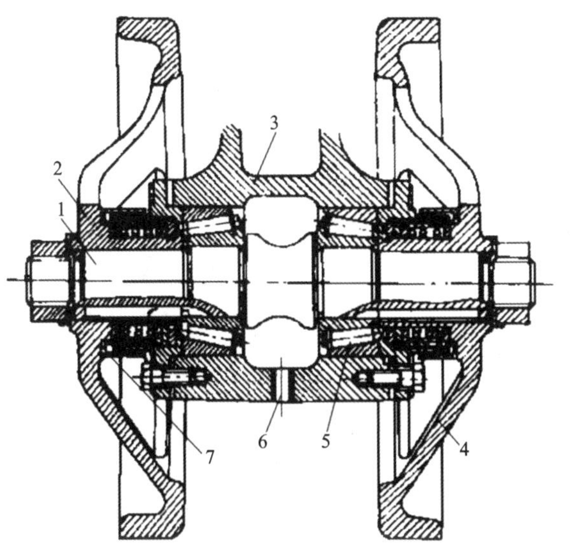

1—支重轮轴；
2,4—支重轮圈；
3—平衡臂；
5—圆锥滚柱轴承；
6—放油孔；
7—挡泥密封圈

图7.27　东方红-802型拖拉机的支重轮结构的剖面图

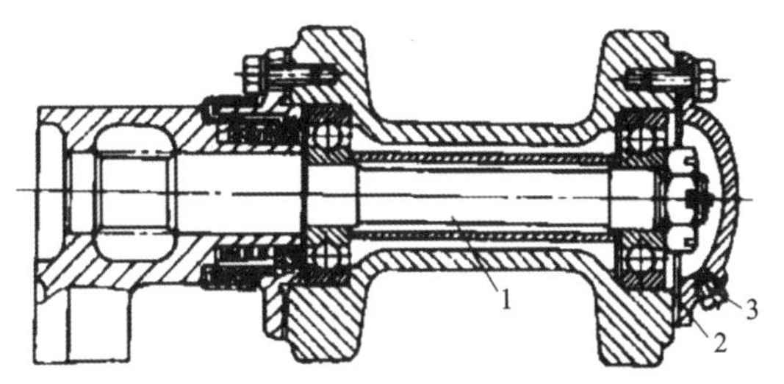

1—托带轮轴；
2—盖；
3—注油塞

图7.28　东方红-802型拖拉机的托带轮

较小，工作条件较好，因此，它通过两个向心球轴承安装在托带轮轴上。托带轮结构简单，一般用不经加工的铸钢或铸铁件制成。其内端装有端面油封，外端用盖封住，盖上有一个注油塞，其也是放油塞。当轴承间隙超过 2 mm 时，需更换全套轴承。

任务实施

实施履带式拖拉机行驶装置的维护保养作业

1. 履带式拖拉机行驶装置的使用与保养

（1）及时清除行驶系统各部位的泥土、杂草，检查各连接件的紧固情况。

（2）检查履带销的连接情况，及时补装脱落的锁销和垫圈，以防履带销窜出造成事故。

（3）检查各部位轴承的润滑油面，不足时及时添加，导向轮拐轴加注黄油，直到旧油从衬套缝隙处被挤出为止。其他各部位加注机油，导向轮加注时应将检查螺塞口转到上方，添加到检查螺塞口处流油为止；支重轮应加到加油口流油为止；托带轮应将检查螺塞口转至上方与水平成 45°角，加油至溢油为止。

按时或根据情况更换导向轮、支重轮、托带轮内的机油。其方法是趁热放出旧油，加入柴油，开动拖拉机前后行驶 3～5 min 放出洗油，加入新机油到规定油位。

(4) 对于台车轴、摆动轴、台车挡圈以及拐轴大、小轴套和平衡臂大小轴套等，若磨损量大于 1.5～2 mm，须使之翻转 180°，将未磨损的一面调转到对称的一边继续使用。行驶系统具有对称配置的零件，如履带、拐轴、驱动轮、支重轮、托带轮及导向轮等，在发现有偏磨时，也应拆下，调换到另一边继续使用。这样做不但可以延长零件的寿命，还可避免行驶系统中其他零件早期磨损。

(5) 正确检查并调整履带式拖拉机的行驶装置。在使用中尽量避免进行偏牵引作业。

2. 履带式拖拉机行驶装置的检查与调整

进行履带式拖拉机行驶装置的检查与调整作业前，要做好前期技术资料熟悉、工量具及安全操作准备工作，然后进行相关作业。

履带松紧度的检查与调整作业工单见表 7.2。

思考与练习

(1) 试述履带式拖拉机行驶系统的特点。

(2) 试述“四轮一带”的功用。

项目 7　习题

任务检查与评价

表 7.2　履带松紧度的检查与调整作业工单

型号	编号	上次保养日期	行驶时间/h	保养日期
说明：认真阅读本拖拉机图册，准备好相应的工具、量具、专用工具及其他辅助设备。				

序号	操作内容	操作说明	所需工具
10	履带松紧度检查	将拖拉机停放在平坦的硬地面上，将直木条置于两托带轮间履带上，测量履带下垂度最大处和木条间的垂直距离	扳手、直尺、专用工具
20	履带松紧度调整	① 检查履带张紧装置螺杆上的张紧弹簧的长度是否合格。 ② 然后调整支座端调整螺母，使张紧螺杆前后移动，进而改变导向轮的前后位置，使履带松紧度达到要求为止	扳手、专用工具
		（表格根据需要添加）	
建议事项：			

检查：
(1) 任务准备是否充分；
(2) 任务工单的完成情况；
(3) 对履带式拖拉机行驶系统的整体认知情况；
(4) 整理设备和现场；
(5) 优化与创新。
评估：

续表

考评项目	自我评估	组长评估	教师评估	权重分
劳动纪律				5
安全、环境意识				5
任务方案				5
实施过程				15
工量具使用				5
完成情况				15
分工与协作				10
创新思路				10
综合评价				30
合计				100

操作者签名：　　　　组长签名：　　　　教师签名：

项目 8 工作装置的拆装与维修

项目描述

拖拉机是一种可移动的动力机械，依靠拖拉机上的工作装置去完成各项农业生产作业。液压悬挂装置是拖拉机的主要工作装置。通过拖拉机工作装置的拆装与维护作业，掌握拖拉机液压悬挂装置的组成及类型，掌握液压操纵机构的维护方法，能够有效地排除工作装置中常见的液压系统堵塞、卡死、漏油、失调，液压系统零部件磨损等故障。

项目任务

(1) 工作装置的拆装与维护。

(2) 工作装置的故障诊断与排除。

项目目标

(1) 能描述液压悬挂及动力输出装置的用途和工作原理。

(2) 能选择适当的工具拆装拖拉机液压悬挂及动力输出装置。

(3) 能有效地对液压悬挂及动力输出装置零部件进行检修。

(4) 会诊断和排除拖拉机液压悬挂及动力输出装置的故障。

(5) 培养学生严谨务实的工匠精神。

(6) 培养学生的质量意识和诚信意识。

(7) 培养学生遵守操作工艺规范的意识。

(8) 锻炼学生具体问题具体分析并解决实际问题的能力。

任务 8.1　工作装置的拆装与维护

任务目标

(1) 了解液压悬挂及动力输出装置的基本功用、类型、组成及工作原理。
(2) 了解拖拉机液压悬挂及动力输出装置的结构。
(3) 能选用适当工具对拖拉机液压悬挂及动力输出装置进行拆装及维护。
(4) 培养学生严谨务实的工匠精神。
(5) 培养学生遵守操作工艺规范的意识。

任务准备

拖拉机是一种可移动的动力机械,依靠拖拉机上的工作装置去连接各种农机具来完成各项作业。液压悬挂装置是利用液体压力来提升并维持农机具处于各种不同位置的装置。

1. 悬挂装置的功用

悬挂装置是在拖拉机上用来悬吊悬挂式农机具的,一般没有独立的行走机构。在大功率拖拉机上,由于要使用宽幅或重型农机具来工作,拖拉机的稳定性会变差,因此一般采用半悬挂式连接,也就是说有部分结构重量仍由农机具的地轮承受。液压悬挂装置除使农机具重量向拖拉机驱动轮转移外,还用于升降农机具。

因此,悬挂装置的功用如下。
(1) 连接和牵引农机具。
(2) 控制农机具的耕作深度或提升其高度。
(3) 操纵农机具的升降。
(4) 使拖拉机驱动轮增重,改善拖拉机的附着性能。
(5) 将液压能输送到农业作业机械上进行其他操作。

悬挂装置有以下 4 个方面的特点。

(1) 简化了农机具的结构,因而减轻了农机具的重量,节省材料,降低了农机具的工作阻力。

(2) 农机具的部分重量通过悬挂系统转移到拖拉机上,由拖拉机驱动轮承受,从而增大了拖拉机驱动轮上的附着重量,改善了拖拉机的牵引附着性能。

(3) 根据不同的工作情况,悬挂在拖拉机上的农机具可以随意升降。机组运转灵活,转弯半径大为减小，从而可提高机组的劳动生产率。

(4) 悬挂式农机具操纵轻便，节省劳力。

2. 悬挂装置的组成

一个完善的液压悬挂装置由液压系统和悬挂机构构成。根据悬挂机构在拖拉机上布置位置的不同，悬挂方式可分为前悬挂、中间悬挂、后悬挂及侧悬挂 4 种。

后悬挂方式能满足大多数农业作业的要求，拖拉机上广泛采用的前悬挂方式适用于推土、收获等作业，中间悬挂方式常见于自动底盘式拖拉机上，侧悬挂方式常用在割草和收获等作业。

3. 悬挂机构

根据悬挂机构与拖拉机机体的连接点数，悬挂机构可分为三点悬挂机构和两点悬挂机构。

1）三点悬挂机构

如图 8.1(a)所示，三点悬挂机构以 3 个铰接点与拖拉机机体连接。

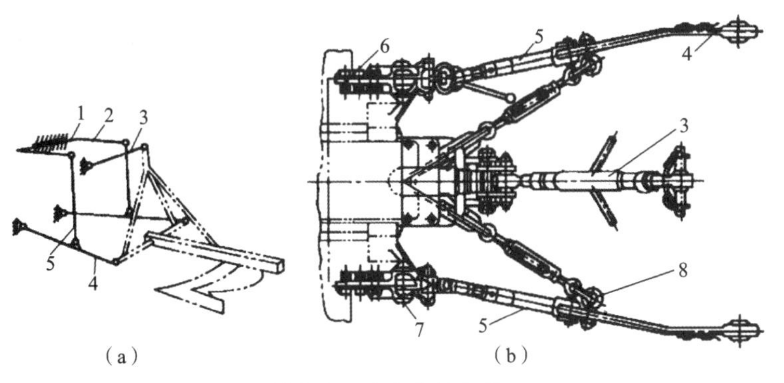

1—提升轴；
2—提升臂；
3—上拉杆；
4—下拉杆；
5—提升杆；
6—下拉杆连接板；
7—限位链；
8—下拉杆连接销

图 8.1　三点悬挂机构

农机具在工作过程中，采用三点悬挂时，相对于拖拉机不可能有太大的偏摆。因此，农机具随拖拉机直线行驶的稳定性较好。但当拖拉机走偏方向，而农机具已入土工作时，要矫正拖拉机机组的行驶方向就比较困难。因此，三点悬挂机构仅应用于中、小功率的拖拉机上。

图 8.1(b)所示为东风-50 型拖拉机三点悬挂机构的结构图。它由提升轴，提升臂，上、下拉杆等零部件构成。上、下拉杆用于连接农机具。提升轴是由液压系统驱动的主动轴。提升轴的转动通过提升臂、提升杆带动下拉杆上、下运动实现，从而升降农机具。

2）两点悬挂机构

两点悬挂机构如图 8.2(a)所示。该悬挂机构仅由两个铰接点与拖拉机机体连接，农机具相对于拖拉机可以做较大的偏摆。在大功率拖拉机上，常备有两点悬挂机构，以便配备宽幅、重型农机具进行作业。

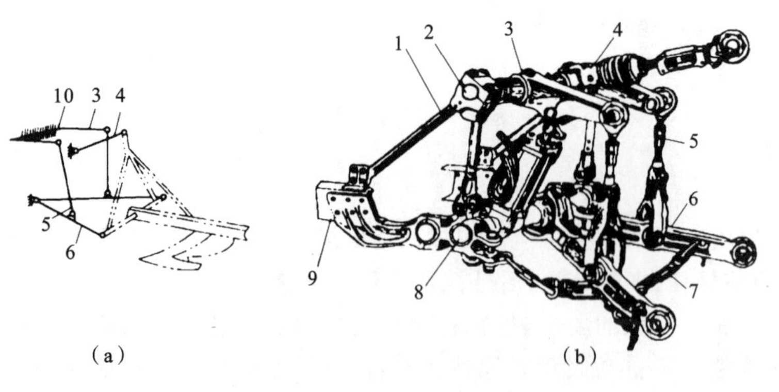

图 8.2　两点悬挂机构

1—支架；
2—上轴；
3—提升臂；
4—上拉杆；
5—提升杆；
6—下拉杆；
7—限位链；
8—下轴；
9—支架座；
10—提升器

图 8.2(b)所示为东方红-75 型拖拉机悬挂机构安装成两点悬挂时的情形。两点悬挂时，将左、右下拉杆的前端，固定在悬挂机构下轴的一个共同铰接点上。安装成三点悬挂时，上拉杆安装在中间位置，下拉杆分左、右安装在两侧铰链上。

4. 液压系统的组成

液压系统是一套机械能与液压能的转换机构，是液压悬挂装置的动力和控制部分，用于产生并传递液压能，以提升或维持农机具处于某工作状态。液压系统一般由油缸、分配器和油箱、油管、滤清器等辅助装置组成，形成一个循环的液压油路，如图 8.3 所示。利用操纵机构控制液压系统处于各种不同的状态，以满足各种动作要求。

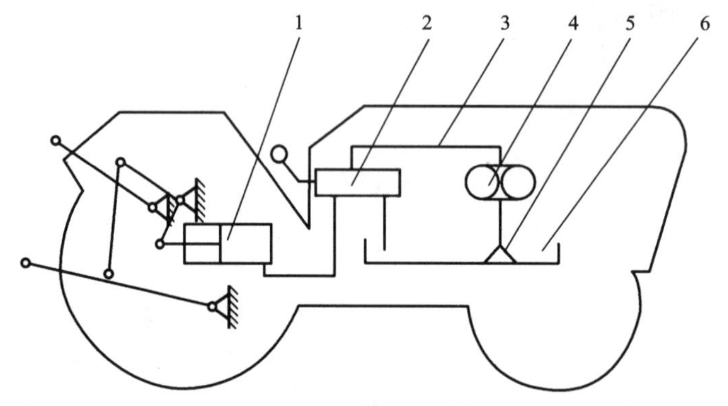

图 8.3　液压系统的组成

1—油缸；
2—分配器；
3—油管；
4—油泵；
5—滤清器；
6—油箱

为了提高劳动生产率和满足农业生产要求，液压系统应该具有足够的提升行程和提升速度；能有效地实现驱动轮加载和方便地输出液压功率；具有必需的耕作深度调节方法和良好的调节效果。

按照油泵、油缸、分配器等主要组成元件在拖拉机上的安装位置不同，拖拉机液压系统可分为分置式、半分置式和整体式液压系统。

1）分置式液压系统

如图 8.4(a)所示，油泵、油缸、分配器分别布置在拖拉机的不同部位上，相互之间用油管连接起来。铁牛-55型、东方红-75型和东方红-28型拖拉机等都采用这种结构形式。其液压元件的标准化、系列化、通用化程度较高;维修、拆装比较方便,可根据不同情况和要求将油缸布置在拖拉机的相关部位,组成前悬挂、后悬挂、侧悬挂等形式。其缺点是布置分散,导致管路较长,防漏和防尘等比较困难,力调节和位调节的传感机构不好布置。

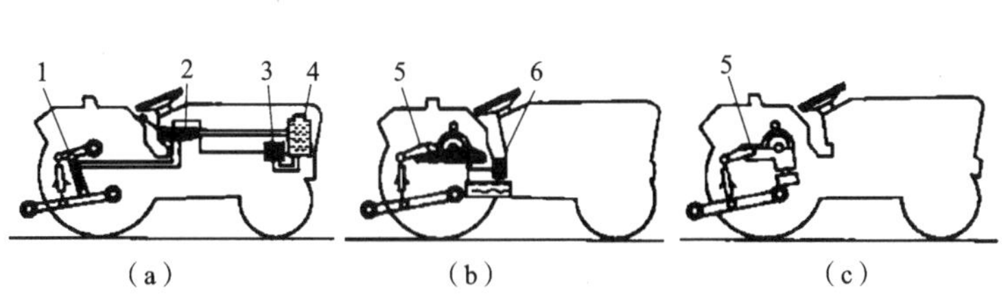

图8.4　液压系统的类型

1—油缸;
2—分配器;
3,6—油泵;
4—油箱;
5—提升器

2)半分置式液压系统

图8.4(b)所示为半分置式液压系统。对于半分置式液压系统,除油泵单独安装在拖拉机的适当部位处,油缸、分配器和操纵机构等元件都布置在一个提升器总成内。提升器总成固定在传动箱上部,提升器总成壳体即构成传动箱上盖。

采用半分置式液压系统的有东风-50型、东方红-20型拖拉机等。半分置式液压系统的油缸、分配器、位调节及力调节的传感机构等都布置得集中、紧凑,油泵可做到三化,并实现独立驱动。其缺点是总体布置上,通常受到拖拉机结构的限制。

3)整体式液压系统

图8.4(c)所示为整体式液压系统。其全部元件及操纵机构都布置在一个结构紧凑的提升器总成壳体内。其优点是结构紧凑,油路集中,密封性好,力、位调节的传感机构比较好布置。其缺点是元件不易做到"三化",拆装时不够方便。

5. 工作深度的调节

悬挂机组工作时应满足耕深均匀的要求,应保证发动机负荷波动不大,不影响机组的生产率。因此,拖拉机必须有合适的调节装置,以适应土壤和地面形状的变化。国产拖拉机采用高度调节、力调节和位调节3种工作深度调节方法。

1)高度调节

如图8.5所示,农机具靠地轮对地面的仿形作用来维持一定的耕深,通过改变地轮与农机具工作部件底平面之间的相对位置来改变耕深。

当土壤比阻变化不大时,用高度调节法可得到比较理想的耕深。如果土质不均匀,地轮将下陷较深,会使耕深增大。高度调节时,油缸处于浮动状态,不受液压的作用,悬挂机构各杆件可以在机组纵向垂直平面内自由摆动。

2)力调节

如图8.6所示,力调节时农机具靠液压维持在某一工作状态,并有相应的牵引阻力。阻

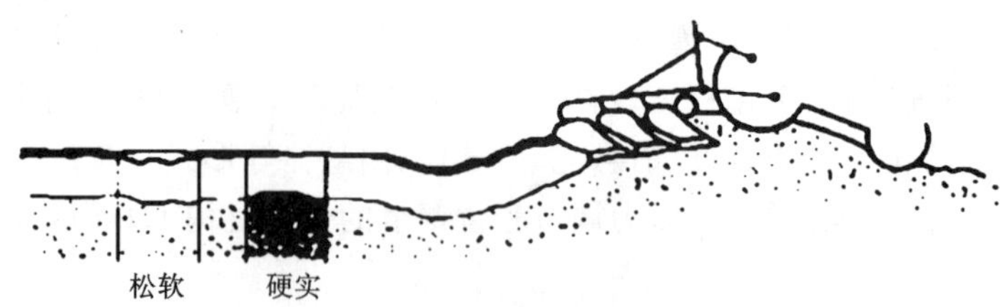

图 8.5　高度调节时耕深变化情况

力的变化可通过力调节的传感机构迅速反映到液压系统并适时升降农机具，以使牵引阻力基本上保持一定，因而发动机负荷波动不大。当主要由地面起伏引起阻力变化时，力调节法可使耕深比较均匀，发动机负荷平稳、均匀。当主要由土壤比阻变化引起阻力变化时，采用力调节法仅仅使发动机负荷波动不大，但耕深会不均匀。

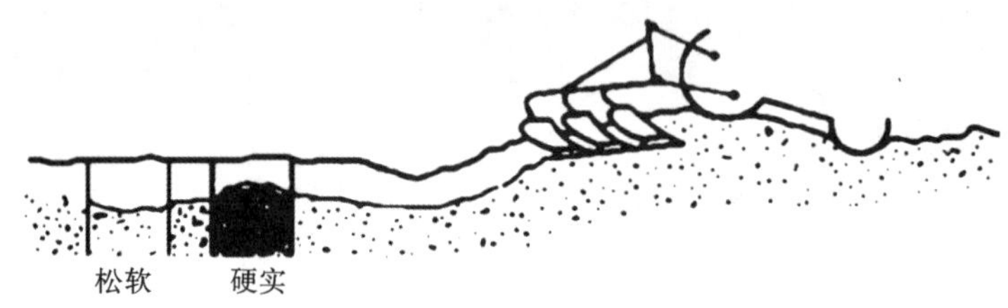

图 8.6　力调节时耕深变化情况

力调节时，农机具不用地轮，对拖拉机驱动轮有增重作用，提高了拖拉机的牵引附着性能。

3）位调节

如图 8.7 所示，位调节时农机具靠液压作用悬吊在一定位置，这个位置通过移动操纵手柄任意选定。在工作过程中，农机具相对拖拉机的位置是固定不变的，当农机具位置发生变动时，通过提升轴的转动，反馈机构中凸轮升程的变化反映到液压系统中，使农机具自动提升恢复到原来位置。也就是说，位调节以提升轴转角为传感信号，使农机具与拖拉机的相对位置保持不变，而力调节以农机具的牵引阻力变化为传感信号，使牵引阻力保持不变。

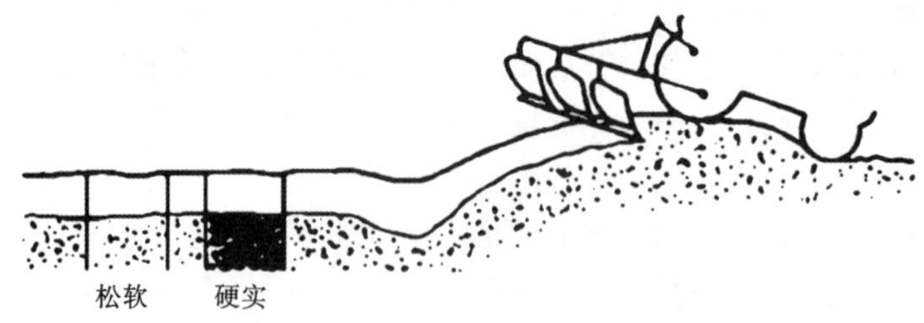

图 8.7　位调节时耕深变化情况

位调节时，当地面平坦，而土质软硬有较大变化时，耕深仍是均匀一致的，只是牵引阻力变化大，发动机负荷波动大。当地面起伏不平，拖拉机的倾斜起伏会使耕深很不均匀。位调节一般不太适于耕地，而主要应用于要求保持一定离地高度的农机具。

6. 东方红-75 型拖拉机液压系统构造

目前,在国产拖拉机上,分置式液压系统主要应用在东方红-75 型、铁牛-55 型、东方红-28 型等拖拉机上。图 8.8 所示为东方红-75 型拖拉机采用的分置式液压系统。

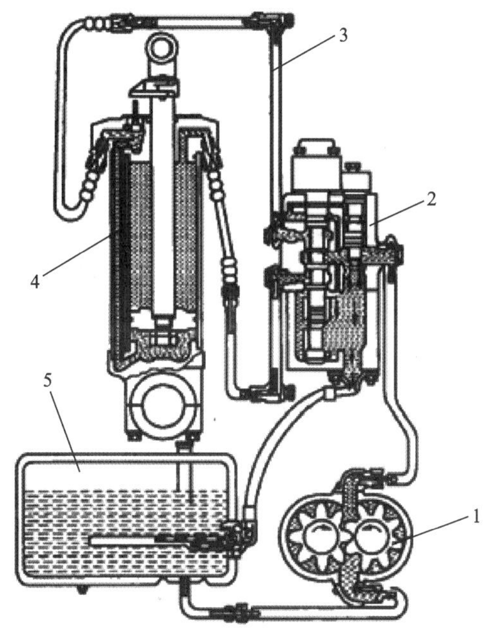

1—油泵;
2—分配器;
3—油管;
4—油缸;
5—油箱

图 8.8　东方红-75 型拖拉机液压系统

该液压系统由油泵、油缸、分配器、油箱,以及高、低压油管等组成。液压系统的各组成元件,分别布置在拖拉机前、后各部位,相互间用高、低压油管连接。操作者用手直接操纵分配器中的主控制阀,分别获得提升农具、用高度法控制耕深、强制农机具入土及保持拖拉机与农机具处在某一相对位置不变 4 种工作情况。

FP-75A 型分配器由主控制阀、回油阀、安全阀,以及操纵手柄、定位装置和回位弹簧等组成。主控制阀是一个四位五通滑阀,由阀杆上的 6 道密封带与阀体上的 5 道油槽配合,可按阀杆结构分为上、中、下 3 段。上段控制回油阀的开关;中段承担控制液压系统内部油流方向的任务,使农机具分别形成提升、中立、压降及浮动 4 种工况,如图 8.9 所示;下段装有阀杆的定位与自动回位机构。

使用东方红-75 型拖拉机的液压系统时应注意以下 3 点。

(1) 油泵的接合和分离应在发动机启动前进行。不需要液压系统时,应将牙嵌式离合器分离,使油泵不转动,以避免功率损耗和不小心引起的安全事故。

(2) 浮动是分置式液压系统的主要工况。压降只有在推土、开沟、破土或土壤很坚硬而不能靠农机具自重入土等情况下才使用。农机具压降入土后,应立即将手柄扳到浮动位置。

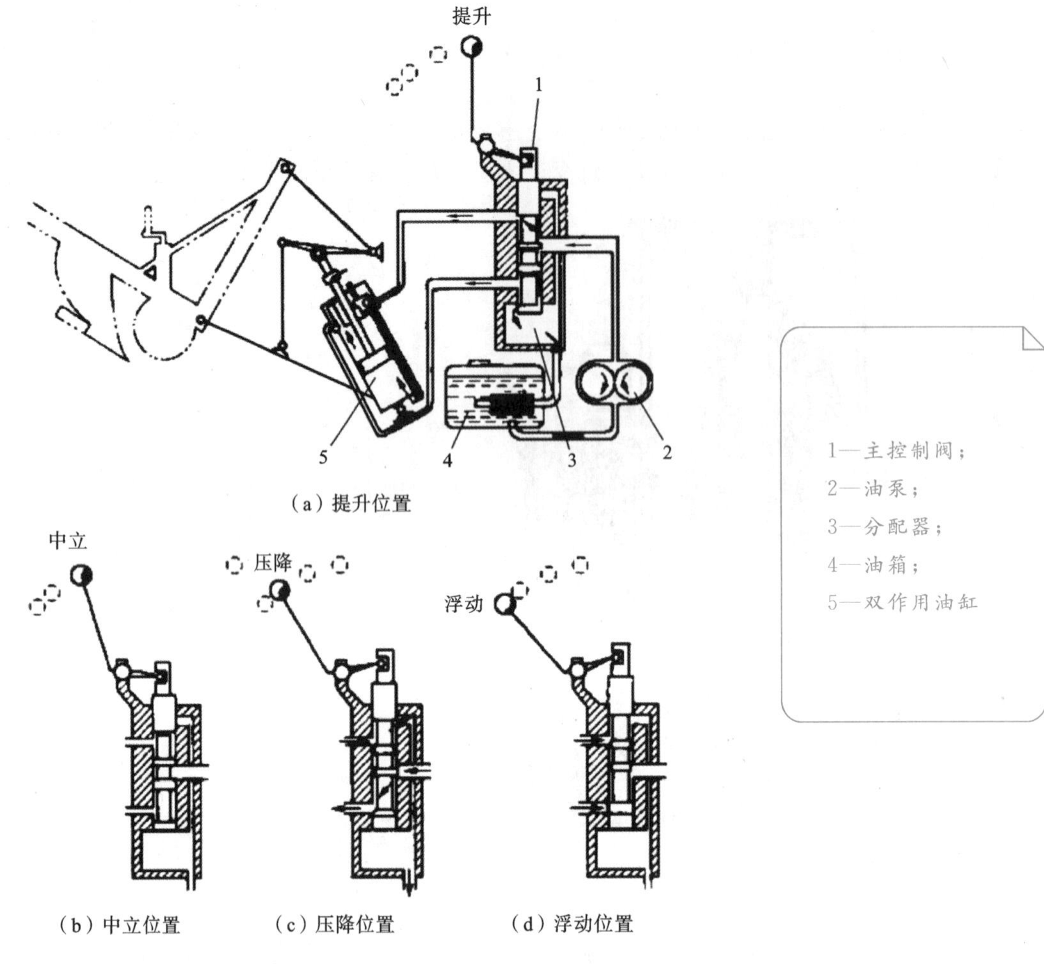

(a) 提升位置

(b) 中立位置　(c) 压降位置　(d) 浮动位置

1—主控制阀；
2—油泵；
3—分配器；
4—油箱；
5—双作用油缸

图 8.9　液压系统内部油流方向的控制过程

(3) 机组转移时，将农机具提升到运输状态，再用手按下定位阀即可。这样，油缸中的油液由定位阀与主控制阀封闭，农机具不会自行下落。

7. 动力输出装置

动力输出装置是将拖拉机发动机功率的一部分甚至全部以旋转机械能的方式传递到需要动力的农机具上的一种工作装置。

动力输出装置包括动力输出轴和动力输出皮带轮。随着大功率的拖拉机的出现，拖拉机上增加了液压动力输出接口。

动力输出轴多数都布置在拖拉机的后面，但也有布置在拖拉机前面或侧面的，根据动力输出轴的转速数，动力输出轴可分为标准转速式动力输出轴和同步式动力输出轴。

1) 标准转速式动力输出轴

动力输出轴转速有 1 或 2 种固定的标准值，如(540±10) r/min 或(1000±25) r/min。

标准转速式动力输出轴的动力传动齿轮都位于变速器第 2 轴前面，如图 8.10 所示。也就是说，标准转速式动力输出轴的输出转速只取决于拖拉机发动机的转速，与拖拉机的行驶速度无关。

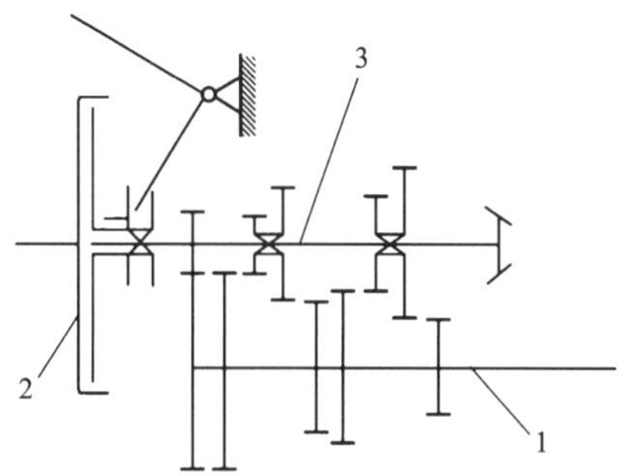

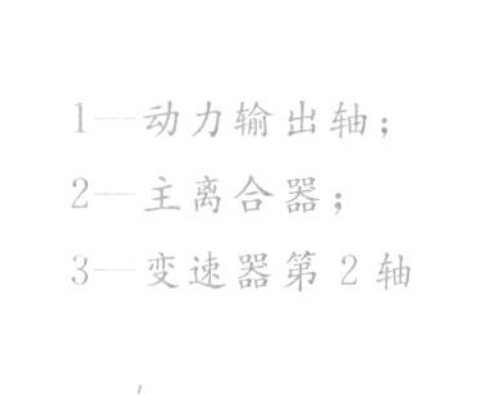

图 8.10　标准转速式动力输出轴

根据标准转速式动力输出轴操纵方式的不同，其又可分为非独立式动力输出轴、半独立式动力输出轴和独立式动力输出轴。

非独立式动力输出轴没有单独的操纵机构，它的传动和操纵都是通过主离合器来控制的。当主离合器接合时，动力输出轴同时旋转；当主离合器分离时，动力输出轴也停止转动。这种形式的动力输出轴结构简单，但缺点是在拖拉机起步时，必须同时克服拖拉机起步和农机具开始工作这两个方面的工作阻力，发动机负荷较大，拖拉机停车换挡时，农机具也会随之停止工作。

半独立式动力输出轴的操纵机构仍与主离合器共用，由双作用离合器中的动力输出轴离合器控制，如图 8.11 所示。在操纵离合器踏板时，动力输出轴离合器比主离合器后分离先接合。这样，既可达到分离主离合器时不停止动力输出轴的要求，又改善了拖拉机起步时发动机负荷过大的现象。其缺点是双作用离合器结构较复杂，工作中不能单独停止动力输出轴的工作。

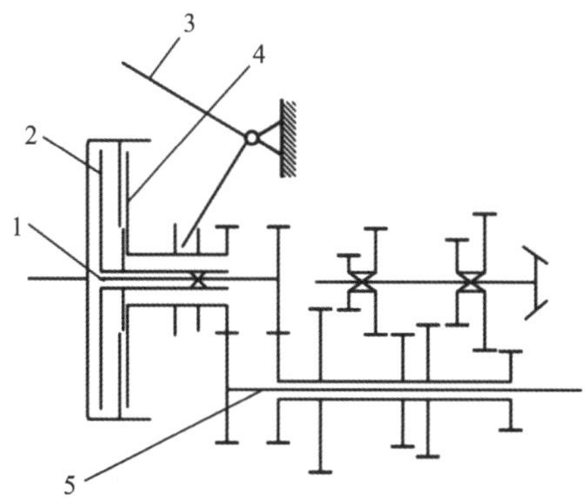

1—变速器第 1 轴；
2—变速器第 1 轴摩擦片；
3—离合器踏板；
4—输出轴摩擦片；
5—动力输出轴

图 8.11　半独立式动力输出轴

独立式动力输出轴的传动和操纵与主离合器的工作不发生关系，如图 8.12 所示。它们都由单独的机构来完成。采用独立式动力输出轴的拖拉机装有一个主离合器和副离合器布置在一起的双联离合器，双联离合器用两套操纵机构分别操纵主、副离合器。副离合器是动力输出轴离合器。这种形式的动力输出轴使用方便，既可改善拖拉机发动机因起步而导致的过大负荷现象，又能广泛满足不同农机具作业的要求。其缺点是双联离合器的结构较为复杂。

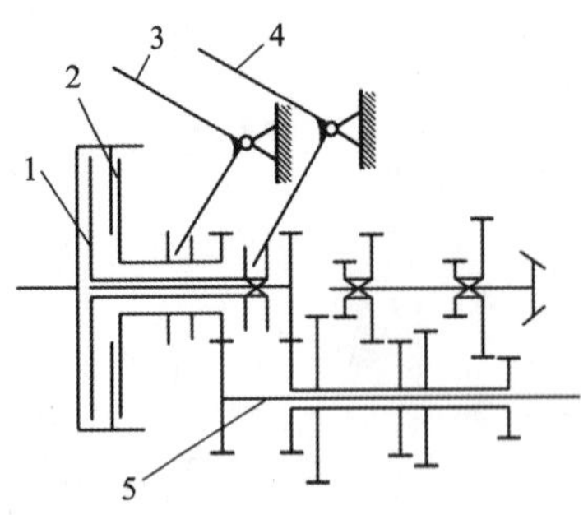

图 8.12　独立式动力输出轴

1—主离合器摩擦片；
2—副离合器摩擦片；
3—副离合器踏板；
4—主离合器踏板；
5—动力输出轴

2）同步式动力输出轴

同步式动力输出轴的动力传动齿轮都位于变速器第 2 轴之后，如图 8.13 所示。无论变速器换入哪一个速挡，动力输出轴的转速总是与驱动轮的转速同步。例如，上海-50 型拖拉机等，设有同步式动力输出轴。同步式动力输出轴用来驱动播种机和施肥机等，以保证播量均匀。当拖拉机滑转严重时，所配置的农机具的工作质量会受影响。

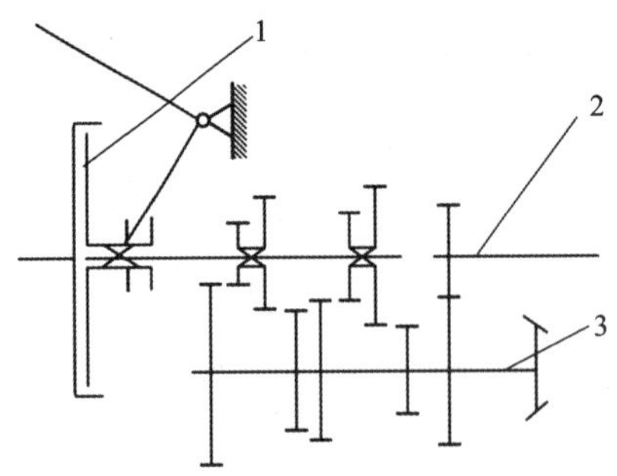

图 8.13　同步式动力输出轴

1—主离合器；
2—动力输出轴；
3—变速器第 2 轴

由于同步式动力输出轴都由变速器第 2 轴以后引出动力，因此，当主离合器结合变速器以任何挡位工作时，同步式动力输出轴便随之工作。也就是说，同步式动力输出轴的操纵仅由主离合器控制。而标准转速式动力输出轴都由变速器第 2 轴以前引出动力。其操纵方式则可由主离合器控制，也可以另外设置单独的操纵机构控制。

有些拖拉机上只设有标准转速式动力输出轴或同步式动力输出轴。有些拖拉机上的动力输出轴既可输出标准转速式的动力，又可输出同步式的动力，如图 8.14 所示。只需要转换传动齿轮啮合情况即可实现标准转速式动力输出或同步式动力输出。当滑动齿轮与固定齿轮啮合时，可得到同步式动力输出；当滑动齿轮与固定齿轮脱开并接上接合套时，便可获得标准转速式动力输出。

动力输出轴的广泛采用，大大提高了拖拉机的综合利用性能，但是也提高了结构和使用的复杂性。

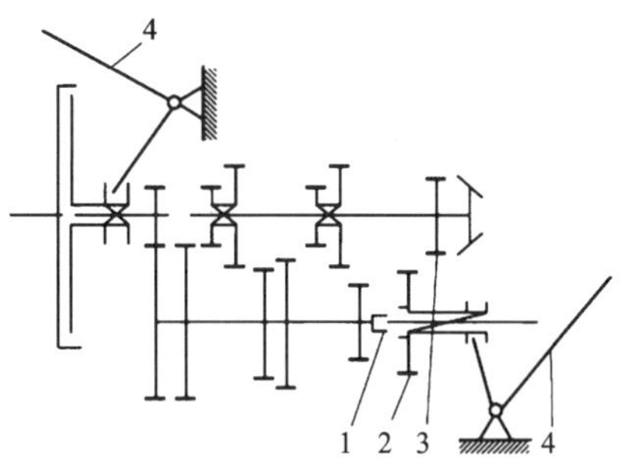

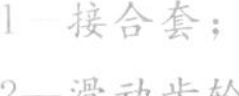

1—接合套；
2—滑动齿轮；
3—固定齿轮；
4—接合手柄

图 8.14　标准转速式兼同步式动力输出轴

任务实施

实施工作装置的维护保养作业

1. 动力输出轴的正确使用

(1) 必须先完全分离主离合器或动力输出离合器，再操纵手柄，接合或分离动力输出轴传动齿轮。

(2) 拖拉机后退时，必须先使动力输出轴停止转动。

(3) 在选择配套农机具时，应考虑动力输出轴能否输出该农机具所必需的功率。

(4) 在使用同步式动力输出轴时，挂倒挡前，应分离动力输出轴，否则会使农机具的工作机构反转。

(5) 在挂独立式传动时，必须首先挂非独立式传动，使动力输出的相关部件快速运动起来，然后迅速操纵动力输出手柄，使其越过空挡直接进入独立传动位置。严禁在空挡位置直接挂独立式传动。

(6) 按照使用说明书，对动力输出轴进行调整和紧固。

2. 液压悬挂系统的使用与维护

(1) 按试运转规程对拖拉机液压悬挂系统进行试运转，特别注意检查手柄自动回位情况。

(2) 注意对油液预热，避免因油温过低、油液黏度过大而使油泵吸入空气。因此，在使用前，应接合油泵接合手柄，使油液在低压下循环一段时间，以提高油温。

(3) 经常检查液压系统的元件与管路有无渗漏现象并及时排除；发现提升农机具有抖动现象时，要及时排除系统中的空气。

(4) 耕深调节。悬挂带有限深轮的农机具进行作业时，手柄应放在浮动位置。

悬挂带无限深轮的农机具进行作业时，可在浮动位置下降农机具，在降到所需要的位置后，再将手柄扳回中立位置进行作业。为了保证每次农机具降落的位置一定，可将定位卡块事先固定在调好的活塞杆的位置上，靠定位阀定位。

悬挂农机具需强制入土作业时，应将手柄放在压降位置，待达到入土深度后再将手柄扳回到中立位置。拖拉机带犁耕地时，为保证耕作质量，应经常对悬挂杆体和犁的相关部位进行调整。中心拉杆，左、右立柱，犁的支承轮和犁前轴在调整上相互影响，需凭驾驶员的使用经验正确选择。一般来说，改变支承轮的高度，可调整犁的耕深。

在拖拉机轮距调整合适的情况下，耕地时若出现偏牵引现象，机头偏向已耕地一侧，可松开左限位链，拧紧右限位链，使犁左移，或向左窜动犁前轴，转动犁前轴来调整。

(5) 调整悬挂机构左、右斜拉杆的长度，使机架前后保持水平状态。耕地作业时斜拉杆上的销子穿进长槽中，播种、中耕时销子穿进圆孔中。

利用调整上拉杆长度的方法使农机具前后保持水平状态。如机架前低后高时，应调长上拉杆；反之，应调短上拉杆。只有机架前后保持水平状态，才能保证农机具入土的工作部件具有合理的入土角和稳定的工作状态。

根据不同的作业要求，合理地调整限位链长度和连接方法。两点悬挂耕地作业时，农机具提升至运输位置后，限位链一端连接牵引叉，另一端连接下拉杆耳环螺栓并调紧限位链，以限制运输时农机具的横向摆动量，而作业中限位链松弛。三点悬挂播种、中耕作业时，限位链两端分别连接在两根下拉杆的前、后耳环螺栓上，作业时应适当调整，使拖拉机与农机具轨迹不会偏斜。

(6) 当悬挂农机具短途运输时，为避免农机具行驶中突然下降而被撞坏，可将油缸端盖上的定位阀压下，切断油缸下腔的回油。其方法是：当农机具提升到最高位置时，将定位阀用扳手或手钳压入阀座中。在到达作业区后，先将手柄扳到提升位置，使定位阀顶起，再使农机具下降。若不能下降，则重复几次提升动作，就可将定位阀从关闭状态打开。

当悬挂农机具长途运输时，尽量调短悬挂机构的上拉杆和斜拉杆，保证农机具有最大的离地间隙，使通过性能更好。调紧左、右限位链，将定位阀压下，选择平坦路面低速行驶，转弯不能过急。

(7) 田间作业中地头转弯时，起或落农机具应在机组直线行驶中进行，严禁作业中转弯或原地落农机具作业。要严格遵守机组作业规程。

3. 相关作业内容

在作业前，要做好前期技术资料熟悉、工量具及安全操作准备工作，然后进行相关作业。液压悬挂系统运输状态的检查与调整作业工单见表 8.1。

思考与练习

(1) 液压悬挂系统由哪些主要杆件和液压元件组成？各悬挂杆件的主要作用是什么？
(2) 农机具耕作深度控制形式有哪些？各有什么优缺点？
(3) 简述 FP-75A 型分配器的构造及各组成阀的名称和功用。
(4) 标准转速式动力输出轴的操纵方式有哪几种，各有什么特点？

任务检查与评价

表 8.1　液压悬挂系统运输状态的检查与调整作业工单

型号	编号	上次保养日期	行驶时间/h	保养日期
说明：认真阅读本拖拉机图册，准备好相应的工具、量具、专用工具及其他辅助设备。				

序号	操作内容	操作说明	所需工具
10	左、右下拉杆与提升杆连接调整	检查左、右下拉杆与提升杆连接孔位置，并将左、右下拉杆最后端孔与提升杆连接	扳手、专用工具
20	上拉杆长度调整	将上拉杆长度调整为最短	扳手、专用工具
30	左、右限位固定	将锁销插入左、右限位套管的前面圆孔，注意 R 销位置	
40	控制面板设定	将主控制旋钮转到运输位置并用互锁开关锁住，按下主动减振开关	
		（表格根据需要添加）	
建议事项：			

检查：
(1) 任务准备是否充分；
(2) 任务工单的完成情况；
(3) 对工作装置的整体认知情况；
(4) 整理设备和现场；
(5) 优化与创新。
评估：

续表

考评项目	自我评估	组长评估	教师评估	权重分
劳动纪律				5
安全、环境意识				5
任务方案				5
实施过程				15
工量具使用				5
完成情况				15
分工与协作				10
创新思路				10
综合评价				30
合计				100

操作者签名：　　　　组长签名：　　　　教师签名：

任务 8.2　工作装置的故障诊断与排除

任务目标

(1) 了解拖拉机工作装置常见故障现象。

(2) 能分析拖拉机工作装置常见故障产生的原因。

(3) 能正确、有效地排除拖拉机工作装置常见故障。

(4) 培养学生的质量意识和诚信意识。

(5) 锻炼学生具体问题具体分析并解决实际问题的能力。

任务准备

拖拉机是一种可移动的动力机械,依靠拖拉机上的工作装置去连接各种农机具来完成各项作业。若工作装置有问题,则拖拉机不能完成正常的生产工作。常见的工作装置故障有液压系统堵塞、卡死、漏油、失调,液压系统零部件磨损等。

1. 液压系统堵塞

液压系统堵塞是指液压系统中低压油路被杂质堵塞。一般故障部位在滤网、滤网杯、滤网座油道、进油室油道、安全阀的排油小孔等处。

1) 故障现象

由于拖拉机液压悬挂系统工作油液为后桥壳体内的齿轮油,而发生堵塞会影响液压悬挂系统的技术状态,使进油不畅、液压油的压力和流量降低,导致农机具提升缓慢,甚至不能提升,等等。

8.1　三点悬挂不能提升故障的诊断与排除

2) 故障分析

故障产生的原因主要是用油不净。例如,长时间不更换液压油,不按规定清洁油污和杂质,等等。

2. 液压系统卡死

液压系统卡死一般是指操纵机构中某些零部件被卡住。例如,一些杂质、污物附在配合件的配合表面,使配合件卡滞,造成液压元件的动作失灵。

1) 故障现象

液压系统中里、外拨叉片卡死,控制阀卡死,以及活塞卡死在液压缸中等造成不能及时而正确地传递动作，使农机具升降失灵。

2）故障分析

液压系统卡死主要是被污物卡住。例如，液压油不清洁，杂质过多，配合表面的几何尺寸精度和表面粗糙度达不到要求，零件配合间隙过小，液压缸内壁拉毛或锈蚀，活塞环磨损严重，等等。

3. 液压系统漏油

液压元件在使用过程中出现漏油，不可避免地会使液压悬挂系统出现故障。例如，高压油路中某一部分发生漏油，就会使油压降低，严重时农机具提升不起来。

1）故障现象

液压系统内部的油路、油道不能密封，使液压油发生渗漏。该故障通常发生在液压系统的高压油路，如液压泵柱塞、垂直油管、液压缸、安全阀、控制阀及进出油阀等处。

2）故障分析

油中有较大的机械杂质或缸壁锈蚀使橡胶圈产生裂纹；长时间使用后，橡胶圈老化变硬，弹性降低，失去密封性。

4. 液压系统失调

由于安装、调整不当等原因，操纵机构中的某些杆件动作失调或卡滞，使农机具升降时出现异常现象。

1）故障现象

液压系统失调一般表现为拨叉杆摆动而摆动杆不动，提升臂不能靠自重落下或提升高度不够，力调节机构失灵及升降不灵，等等。

2）故障分析

产生故障的原因主要是拆卸、换件后，安装、调整不正确，包括拨叉杆安装调整不正确、提升臂固定螺钉拧得太紧、力调节弹簧失效、控制阀回位弹簧弹力减弱或损坏、拨叉杆及偏心轮调整不当等。另外，在使用中不按规定对零件进行保养或调整，会导致力调节弹簧产生残余变形、控制阀回位弹簧弹力减弱或损坏等。

5. 液压系统零部件磨损

液压元件在使用过程中出现磨损及损坏，零部件过度磨损后配合间隙增大，会导致液压油路发生泄漏，使农机具提升缓慢或不能提升。

1）故障现象

液压元件出现磨损及密封性受到破坏，影响泵油量和发生漏油，泵油无力，影响农机具升降。漏油轻微时农机具提升缓慢，严重时农机具不能提升。

2）故障分析

产生故障的原因主要是油液中含有机械杂质，造成进出油阀及阀座磨损、控制阀与密封垫圈磨损、液压缸与活塞磨损、液压泵柱塞与阀体上的柱塞孔磨损及安全阀与阀座磨损等。控制阀进、出油口的磨损，通常是由夹杂机械杂质的油流的冲刷引起的；安全阀的磨损还受到关闭时的冲击作用的影响。

任务实施

实施工作装置故障处理作业

拖拉机液压悬挂系统的故障主要是操纵失灵。故障原因大致有3个方面，即液压油脏污、液压元件磨损及损坏、操纵机构中某些杆件动作失调或卡滞。要减少液压悬挂系统故障，应针对液压悬挂系统故障产生的原因，采取相应的措施。

1. 选择品质合适的液压油

为了保证液压系统的正常工作，必须按照使用说明书的要求，根据季节变化的需要，选择适宜黏度的液压油。液压油黏度过大或过小，都会影响系统的正常工作。若黏度过大，就会增加流动阻力和通过滤清器的阻力，并在吸油过滤时使液压泵吸油不足，造成农机具提升缓慢；在高压油过滤时易冲坏滤网，还会使阀门移动滞缓、系统动作不灵敏。若黏度过小，则各部分缝隙的泄漏增加，也会导致液压泵吸油不足，同样会引起提升缓慢。为此，液压系统的用油一定要符合说明书的规定和要求。

2. 保证液压系统中的液压油的洁净

液压系统零部件要求油有很高的清洁度，才能保证其正常工作。例如，控制阀的滑阀与阀套、柱塞与阀体的柱塞孔、活塞和液压缸等构件都具有较高的配合精度，对脏污油相当敏感，如有泥沙和尘土等，会造成表面刮伤，导致早期失效和工作性能下降，故障率增大。又如，因液压油脏污而黏附过多的杂质污物发生堵塞时，液压泵进油不畅，造成液压油的压力和流量降低，使农机具提升缓慢。此外，脏污的液压油容易加速液压元件的磨损，也会使液压油路出现泄漏，造成农机具提升缓慢或不能提升。为此，必须定期清除液压系统中的污物和更换液压系统中的液压油。

3. 不要盲目进行拆装

由于液压系统中的液压元件结构比较复杂，也较精密，因此在排除故障时，使用维护人员要对液压系统的结构、性能、工作原理，以及各功能部件在拖拉机上的安装位置和相互关系十分清楚，并掌握排除故障的基本步骤，逐个分析和查找原因。如果对液压系统中的液压部件、元件结构不熟悉，就盲目拆装，极易使液压系统和元件损坏。如果在没有弄清构造和拆装注意事项的情况下盲目拆卸分解，有可能划伤配合表面、损伤结合面、破坏密封、装错位置、改变调整状态等，安装后不但原有故障不能排除，而且故障会增加。

4. 正确装配与调整

装配错误与调整不当都会使液压系统操纵机构中某些杆件动作失调或卡滞。例如，上海-50 型拖拉机安装液压升降机盖时，错误地将里、外拨叉杆的下端安装在液压泵摆动杆长滚柱的前方，使控制阀经常处在回油位置，农机具无法提升。又如，在没有压力表检查的条件下，轻易乱调安全阀，使安全阀开启压力过高或过低，引起液压系统工作失常。因此，对于液压系统，不仅要知道操作使用技巧，还要有调整维修知识，并且熟悉具体构造和拆装要求。

5. 定期检查维护，加强保养

拖拉机液压悬挂系统在使用与维护中应做到以下 6 点。

(1) 保养时应检查悬挂农机具升降速度及反应情况，如有异常要查找原因加以排除。同时，在悬挂机构左、右提升杆及操纵连接杆件的活动处加上润滑脂。但在上、下拉杆的球铰节处不应涂润滑脂，以避免黏附尘土和泥沙，反而增加磨损。

(2) 一般拖拉机工作 100 h 左右时，检查变速器及后桥壳体内齿轮油油面高度，其应在油尺的上限和下限之间，不足时应添加。工作 150 h 左右时，打开右侧的检视窗，拆下液压泵滤清器，清洗滤清器的滤网，并检查滤网有无破损，检查滤网接头密封是否良好。工作 500 h 左右时，更换齿轮油，更换齿轮油时，应熄火后趁热放出旧油，然后加入新油至规定油位，油底壳可不清洗。但以后要每年结合维修或农田作业前的检修，清除一次传动箱内残留的污物。变速器及后桥壳体内使用规定的齿轮油，加油时应过滤，力求清洁。

(3) 不能将柴油机更换出来的废机油不做任何处理就直接加入拖拉机液压系统中使用。由于废机油含有较多的杂质，会很快将配合精度高的液压元件的间隙磨损超标而引起泄漏；过多的污物还会堵塞滤清器滤网，造成吸油阻力增大；废机油中的水分及酸碱物质会使油液乳化，导致系统供油失常和液压元件密封装置被腐蚀，等等。

(4) 及时检查液压管路是否密封良好，防止吸入空气，使油液乳化。

(5) 拆装、维修要在清洁的环境中进行，尽可能在室内拆装。拆装前，要清除外部尘土和油泥，拆开的油管管口要用塑料薄膜封好。当更换金属油管时，要进行除锈处理，以防弄脏油液。

(6) 长期不用液压系统时，可把液压油泵拆下保存。

6. 相关作业内容

在作业前，要做好前期技术资料熟悉、工量具及安全操作准备工作，然后进行相关作业。三点悬挂不能提升故障的诊断与排除作业工单见表 8.2。

思考与练习

(1) 如果先导式回油阀卸荷式分配器中的下降阀因杂质而关闭不严,会出现怎样的提升现象?

(2) 卸荷式分配器中的回油阀背腔油道因有杂质而被堵死,会出现怎样的提升现象?

(3) 三点悬挂提升不到位的原因有哪些?

项目8　习题

任务检查与评价

表 8.2　三点悬挂不能提升故障的诊断与排除作业工单

型号	编号	上次保养日期	行驶时间/h	保养日期
说明：认真阅读本拖拉机图册，准备好相应的工具、量具、专用工具及其他辅助设备。				

序号	操作内容	操作说明	所需工具
10	外围检查	① 检查液压油箱油量是否足够。 ② 检查液压油管路及接头是否有松动及漏油现象。 ③ 检查液压锁定开关是否在关闭位置	
20	元件检查	① 检查液压油滤芯是否堵塞。 ② 检查液压油泵压力。 ③ 检查分配器安全阀是否漏油	压力表、扳手、专用工具
30	调节机构检查	① 检查位调节杆是否调整不当。 ② 检查位调节提升臂凸轮磨损情况。 ③ 检查分配器安全阀是否卡滞或卡在开启位置	
		（表格根据需要添加）	
建议事项：			

检查：

(1) 任务准备是否充分；

(2) 任务工单的完成情况；

(3) 对工作装置故障的认知情况；

(4) 整理设备和现场；

(5) 优化与创新。

评估：

续表

考评项目	自我评估	组长评估	教师评估	权重分
劳动纪律				5
安全、环境意识				5
任务方案				5
实施过程				15
工量具使用				5
完成情况				15
分工与协作				10
创新思路				10
综合评价				30
合计				100

操作者签名：　　　　组长签名：　　　　教师签名：

参考文献

[1] 中国农业机械化科学研究院.农业机械设计手册[M].北京:中国农业科学技术出版社,2007.

[2] 高连兴,师帅兵.拖拉机汽车学 下册 车辆底盘与理论[M].北京:中国农业出版社,2009.

[3] 李晓庆.拖拉机构造[M].北京:机械工业出版社,2001.

[4] 谭影航.拖拉机故障排除技巧[M].北京:机械工业出版社,2008.

[5] 刘东亚,王清娟.汽车底盘构造与维修[M].北京:北京大学出版社,2009.

[6] 曹双乐.农机驾驶与维修实用技术[M].北京:中国农业大学出版社,2008.

[7] 赵作伟.农机底盘构造与维修[M].北京:北京航空航天大学出版社,2016.

[8] 王胜山,董作华.拖拉机底盘构造与维修[M].北京:机械工业出版社,2020.